왼손잡이 우주

왼손잡이 우주

대칭부터 끈이론까지,
현대 물리학으로
왼쪽/오른쪽 구별하기

최강신 지음

동아시아

들어가며

과학은 우리가 무엇을 모르는지 깨닫게 해준다

"자네는 오른쪽을 설명할 수 있나?"
—영화 〈행복한 사전〉

이상하게 들릴지 모르겠지만, 이 책의 목표는 왼쪽과 오른쪽을 구별하는 것이다. 어떻게 구별할까? 잠시 생각해 보면, 익숙한 것 같지만 이를 구별하는 것이 쉽지 않다는 것을 알 수 있다. 놀라운 것은 물리학이, 오른쪽과 왼쪽이 어떻게 구별되는지를 알려준다는 것이다.

왼손과 오른손은 비슷하면서도 다르다. 두 손을 맞대어 보면 딱 맞는다는 점에서 서로 비슷하다. 그러나 이 둘은 분명히 다르다. 오른손만 두 개로 산다고 생각해 보면, 곧바로 많은 것이 답답하게 느껴질 것이다. 이 둘은 짝pair을 이룬다.

자연에는 왼손과 오른손처럼 비슷하면서도 다른 것들이 많다. 위와 아래, 자석의 N극과 S극, 전기의 (+)극과 (−)극. 짝들은 조금씩 다르지만 거의 똑같아서, 무엇이 정말 다른지를 콕 집어 말하기가 어렵다.

짝을 이해하는 데 중심이 되는 내용은 전기electricity와 자기magnetism의 물리인 전자기학electromagnetism이다. 답을 먼저 말하자면, 전자기학만으로는 왼쪽과 오른쪽을 구별하는 방법을 알 수 없다.

놀랍게도, 1956년까지만 해도 모든 물리학자의 공통된 의견이 왼쪽과 오른쪽은 구별할 수 없다는 것이었다. 이들이 부족하게 공부해서 그런 것이 아니라, 왼쪽과 오른쪽을 구별해 주는 자연 현상이 그때까지는 없었다. (정말 없었던 것은 아니고, 그들이 몰랐던 것이다.) 그런데 그해, 왼쪽과 오른쪽을 구별할 수 있는 무언가가 발견되었다. 그리고 그 무언가를 이해하기 위해서는 전자기학의 몇 가지 개념을 헷갈리지 않도록 알고 있어야 한다.

전자기학은 재미없는 과목으로 여겨진다. 물리학의 모든 과목이 재미없다는 말과는 다르다. 어느 날 저녁, 다른 물리학자들과 밥을 먹는 동안 누군가가 말했다. "전자기학은 완성된 학문이므로, 기본 방정식만 배우면 그때부터는 여러 가지 기법으로 복잡하기만 한 문제를 푸는 것을 연습

하는 과목이다." 더 이상 발전할 필요가 없을 뿐 아니라, 개념적인 문제 자체가 없는 완성된 학문이라는 뜻이었다. 그때는 어느 정도 이 주장에 수긍했지만, 점점 전자기학의 다른 측면을 생각하게 되었다. 현대 전자기학은 서로 다르다고 알려진 두 현상(전기와 자기)이 근본적으로 같은 현상이라는 것을 알려주는 과정이다. 그런데 이 관계가 오묘해서 헷갈리는 경우도 많을 뿐 아니라, 1956년에 과학자들이 이내 깨달았던 것처럼, 어떤 사실은 우리가 모르고 있다는 것을 드러내 준다. 이 세상 모든 사람이 모른다는 결론을 알아낸 것이다.

왼손과 오른손의 관계는 전기와 자기의 관계에 숨어 있는데, 이를 철저히 따져보기 전에는 관계가 잘 드러나지 않는다. 다행히도 전기와 자기는 우리에게 친숙하므로, 누구나 관련 개념을 차근차근 생각할 수 있다. 본문에서 '마흐의 충격Mach's shock'이라고 부르는 관계, 즉 전기가 흐르는 전선 주변의 자석의 행동을 추적하다 보면 우리가 알고 있다고 생각했던 것이 착각이라는 점을 깨닫게 되고, 당연하다고 여기던 것을 처음부터 다시 생각해 보게 된다.

과학을 배우는 목적 가운데 하나는 논리적으로 생각하는 법을 훈련하는 것이다. 그런 면에서 규약(약속)이 중요하다. 과학 책을 보면, 너무 당연하기에 왜 그런지 설명하지 않고 넘어가는 것들이 많다. 예를 들어, 전류를 설명하기 위해 전자가 전선 속에서 흘러가는 그림을 그리는데, 이는 전기를 직관적으로 이해하는 데는 도움을 주지만, 더 깊이 이해하는 데 장애물이 되기도 한다. (전자는 동그란 공처럼 생기지도 않았다.)

과학을 하며 가장 힘든 순간이 헷갈리는 것을 놓고 어느 것이 맞는지를 결정해야 할 때다. 예를 들어, N극과 S극을 어떻게 정의하는지 생각하다 보면 질문이 꼬리에 꼬리를 물고 늘어날 뿐 아니라 이것과 저것이 뒤집혀 있다. 시쳇말로 머리에 쥐가 난다고 하는데, 정말 뇌가 근질근질해서 미치게 된다. 과학을 연구하려면, 이 순간을 참고 차근차근 생각을 정리하는 것이 필요하다. 과학은 단순히 지식을 쌓는 것이 아니라, 지식이 쌓이는 과정을 비판하는 행동이다. 과학자들에게도 이것이 쉽지만은 않다. 누구에게나 힘든 것이지만 정리하고 결정하는 순간은 필요하며, 과학자들은 그 순간을 여러 차례 거쳐온 사람들이다. 그리고 이 순간들을 그냥 넘기지 않고 차근차근 생각하고 결정한다면, 여러분도 과학자가 될 것이다.

대학교에 새로 들어온 학생들에게 (학생들이 싫어할 만한) '물리'라는 말을 쓰지 않고, 왼손과 오른손을 구별하는 문제에 대해 이야기하면 언제나 흥미로워한다. 학생들이 "그래서 답이 무엇인가요?"라고 물으면, 나는 그에 대한 답이 쉽지 않아서 인류는 1950년대까지 답을 몰랐고 이것이 다음 학기에 개설하는 한 과목의 큰 주제 가운데 하나라고 설명하며, 물리에 대한 동기를 유발한다. 이와 관련된 가장 재미있었던 일화는 학생들과 함께 외국 연구소에 탐방 갔을 때의 이야기다. 매일 일정이 있어서, 세끼를 같이 먹으며 모두가 함께 다녔다. 어느 날 저녁을 함께 먹으며 왼손과 오른손을 구별하는 문제에 대한 이야기가 나왔는데, 글쓴이는 답을 바로 알려주지 않고 답을 찾아가는 과정만 도와주며 학생들과 문답식으로 이야기를 주고받았다. 토론은 식당에서, 거리에서, 공원에서 계속 이어졌다. "알아냈어요!" 한 사람이 타국에서 깨달음의 비명을 지르며 답을 이야기했지만, 틀렸다는 것을 이내 받아들여야 했다. 이 탄성이 몇 시간 동안 이어졌다. 그래도 몇 시간 동안 답을 찾아가는 과정의 기쁨을 모두가 알게 되었다. 이제 이 책을 통해 답을 이야기하게 되는데, 그래서 흥미가 줄어들지 모르겠다. 그래도 왼손과 오른손을 구별하는 것은 세상에서 가장 재미있는 게임 중 하나이므로, 읽는 이들은 스포일러를 보지 않고 책의 논리 과정을 따라가며 스스로 답을 찾아내기를 바란다.

이 책은 마틴 가드너Martin Gardner의 『양손잡이 자연세계The

New Ambidextrous Universe』, 헤르만 바일Hermann Weyl의 『대칭Symmetry』에 큰 빚을 지고 있다. 이 책들은 글쓴이가 지금의 전공을 할 수 있는 강력한 동기를 제공했던 훌륭한 책들이다. 내용이 비슷해지지 않을까 걱정했지만, 다시 보니 비슷한 부분이 많지는 않다. 무엇보다도 이 책의 결론은 가드너의 결론과 다르므로 비판적으로 읽어주기를 바란다.

이 글은 이화여자대학교 스크랜튼학부에서 열린 〈The Universe, Life and Light〉 강의를 바탕으로 했다. 이후 한국물리학회 KIAS 대중 강연과 몇몇 세미나에서 더 정리되었다. 대부분의 내용은 글쓴이가 수업하면서 분명하게 설명하지 못하는 것을 알아차린 예리한 학생들의 질문을 통해 더 명확해진 것이다. 물리학에서 헷갈리는 내용은 선생이 못나서 그런 것도 있지만 인류 모두에게 받아들이기 힘든 것이어서 더디게 이해되었다고 변명한다. 쉽지 않다. 이를 늘 일깨워 준 학생들에게 감사의 말씀을 전한다.

물리에 관심을 가지게 된 것은 고등학교 물리 시간에 물리를 깊이 이해하는 노춘길 선생님을 만났기 때문이다. 인사드리지는 못했지만 건강하시기를 바란다. 입자물리를 가르쳐 주신 김진의 교수님께 감사드린다. 좋은 책이 되도록 힘써주신 이종석 편집자님께도 감사드린다.

차례

일곱 ❖ 자세한 이야기

하나
약속

1장

|

왼손과 오른손은 다르다

찬물도 위아래가 있다.
—한국 속담

왼손과 오른손은 서로 닮았지만 다르다. 어떻게 다를까? 그림 1을 보자. 컵의 한 면에 '오른손으로 마실 것 drink with your right hand'이라고 쓰여 있다. 무엇을 경고하는 것일까? 그렇게 하지 않으면 어떤 일이 벌어질까?

[그림 1] 오른손으로 마시는 컵.

컵을 오른손으로 잡고 글자가 보이게 들면, 우리는 컵에 담긴 음료수를 자연스럽게 마실 수 있다. 그런데 음료수가 담긴 상태에서, 컵을 왼손으로 잡고 글자가 보이게 들면 어떻게 될까? 그러면 글자는 뒤집히고, 컵의 열린 부분이 아래가 되며 음료수가 쏟아지게 된다.

[그림 2] 오른손으로 마시는 컵을 왼손으로 들면?

이를 통해, 우리는

왼쪽과 오른쪽은 다르다

는 것을 알 수 있다.

왼손과 오른손의 차이가 다른 일을 일으킨다. 음료수를 담는 대신 쏟도록 만든다. 음료수가 귀할수록 그 차이는 더 확실하게 느낄 수 있다. 도대체 왜 이런 차이가 생길까?

왼손잡이 우주

2장

왼손과 오른손은 닮았다

**다만, 아이들을 낳거들랑 오른손에 숟가락을 쥐고,
하루라도 먼저 난 사람이 먼저 먹도록 양보케 하여라.**

―박지원, 「허생전」

앞 장에서 오른손용 컵을 통해 왼쪽과 오른쪽이 다르다는
사실을 알게 되었다. 그러나 왼손과 오른손은 놀랄 만큼 닮
았다. 무엇이 다르고 무엇이 닮았을까? 세상에서 가장 똑
똑했던 이마누엘 칸트Immanuel Kant도 이 문제를 가지고 고민
했다.

칸트(1768): 내 손이나 귀가 거울에 비친 상만큼이나 비슷한
짝이 과연 세상에 있을까? 왼손과 오른손은 서로 닮았지만
다르다.
닮은 점: 두 손바닥을 맞대면 딱 맞아떨어진다. 왼손을 거울

에 비추면 오른손이 되고, 그 반대도 마찬가지다.

다른 점: 만약 내 몸에 오른손만 두 개 있다고 생각해 보자. 많이 불편할 것이다.

두 손은 비슷하지만 이상하게도 쓰임새가 다르다. 글쓴이는 왼손으로 글씨를 쓰고 밥을 먹는데, 어린 시절 종종 오른손으로 밥을 먹으라고 어른들에게 혼났다. 어떤 이가 설명하기를, 왼손으로 밥을 먹으면 내 왼쪽에 앉은 사람이 오른손을 쓸 때 걸리적거린다는 것이었다. 그것이 이유가 될 수 있을까? 대부분의 사람들이 왼손으로 밥을 먹는다면, 똑같은 이유로 오른손을 쓰는 사람이 다수를 불편하게 할 것이다.[1]

왜 대부분의 사람들이 오른손으로 밥을 먹을까? 둘 중 하나다.

1. 잘 모르지만 이유가 있다. 지구인들은 오른손을 더 잘 쓰도록 타고났다.
2. 이유는 없고 우연일 뿐이다. 양손을 똑같이 쓸 수 있는데, 언제부터인지 점점 더 많은 사람들이 오른손으로 밥을 먹어야 한다고 가르치고 배우게 되었다.

첫번째 경우는 '왜?'라는 질문에 **답할 수 있다.** 지구인의 오른손이 조금 더 길거나 좌뇌가 더 빠르게 작동해 오른손을 잘 쓰도록 되어 있다면 이를 **설명**할 수 있다. 일부러 정하지 않아도 오른손을 쓰는 것이 자연스러울 것이다.

두번째 경우는 이유가 없다. 오른손을 쓰게 된 것은 순전히 우연이며 역사적이다. 동전을 던져 결정한 것과 큰 차이가 없는 것이다. 밥 먹는 손을 오른손으로 정하게 된 처음 상황으로 돌아간다면, 똑같은 확률로 왼손으로도 정해질 수 있다.

왼쪽과 오른쪽을 구별하는 문제는, 1번처럼 이유가 있는지를 묻는 것이다. 그리고 그 답을 찾는 것이 이 책의 목적이다. 곰곰이 생각해 보면 두 가지 점에 놀라게 된다. 첫째는 이 질문에 답하기가 생각보다 어렵다는 점이다. 둘째는 우리들이 왼쪽과 오른쪽을 구별하기 어렵다는 사실을 모르고도 잘 살아간다는 점이다.

앞서 인용한 것처럼, 허생은 어디론가 떠나며 사람 된 도리로 모두가 밥을 오른손으로 먹을 것을 당부한다. 만약 인류가 멸망했는데 「허생전」만이 남아 있다고 생각해 보자. 그리고 시간이 흘러 어떤 지적 생명체가 「허생전」을 발견하고 언어를 해독했다고 가정하자. 그들이 그들 나름대로 왼손과 오른손의 개념을 가지고 있어도 「허생전」에서 오른

손을 어떤 손으로 정했는지, 책만 읽고는 알 수 없을 것이다. 이 생명체에게는 앞의 문장이

다만, 아이들을 낳거들랑 뽀로롱손에 숟가락을 쥐고,

이상의 의미가 없을 것이다. '손'이라는 단어를 안다고 하더라도, 이 뽀로롱손이 왼손인지 오른손인지를 알 길이 없다. 이들에게 오른손을 알려주려면, 우리는 「허생전」에 어떤 기록을 덧붙여야 할까?

3장

모르면서도 약속할 수 있다

모두 다 똑같은 손을 들어야 한다고
—패닉, 〈왼손잡이〉

왼손과 오른손이 본질적으로 **어떻게 다른지 몰라도** 이를 **약속**할 수 있다.

우리도 그렇게 배웠다. 오른손을 알고 있는 사람이 자신의 오른손을 보여주고 비교하는 것이다. 우리는 그 손에 우리 손을 포개보고 그와 똑같은 손이 오른손이라는 것을 알 수 있다. 직접 포개보지 않더라도 두 손을 나란히 놓고 자신의 오른손을 찾을 수 있다.

고대 이집트의 왕은 도량형을 자신이 정할 수 있었다. 그런데 어느 날 왕이 다음과 같이 선포했다고 해보자.

왕: 짐은 오늘부터 ✋️손을 오른손으로 정하겠다.

  모든 사람은 ✋️손과 🤚️손을 가지고 있다. 이 가운데 똑같은 모양을 가진 ✋️손 역시 오른손이라는 것을 배울 수 있다. 왕과 같은 방향으로 서서 왕이 들고 있는 오른손을 보고 자신의 오른손을 배우는 것이다. 왕에게 배운 사람은 어디를 가든 만나는 사람마다 🤚️손이 오른손이라고 알려 줄 수도 있다. 또 오른손을 알고 있는 사람을 만나면 이 손이 오른손이라는 것을 확인할 수 있다. 이렇게 직접 비교할 수 있다면 **약속**할 수도 있다.

  그런데 이들이 서로 만나지 않고 글로 오른손을 알려주고자 한다면, 어떻게 해야 할까?

4장

———

왼손과 오른손 관계를 가진 다른 것들

sinister

1. 불리한, 불행한 4. 왼쪽과 관련 있는

—『메리엄-웹스터 사전』

영어권 문화에서 왼손과 오른손을 구별하는 법을 가르치는 방식은 이렇다.

1. 두 손을 앞으로 뻗는다.

2. 두 손의 엄지와 검지를 편다.

[그림 3] 엄지와 검지를 편 두 손.

3. 그중 L 모양을 만드는 손이 왼손이다. 영어로 'Left'가 왼쪽을 뜻하기 때문이다.

4. 나머지 손이 오른손이다.[2]

오, 드디어 오른손을 어떻게 정의하는지 알아냈다!

그러나 잠깐 생각해 보면, 이는 앞 장에서 이집트 왕의 손을 보고 오른손을 약속한 것과 다르지 않다는 것을 알 수 있다. 모두가 알파벳 L을 알고 있다고 가정하기 때문이다. 다시 말해, L 자 모양을 보여주는 것과 왼손을 보여주는 것은 본질적으로 같은 일이다. 어떤 나라에서 알파벳 L 대신 J를 쓴다면, 그 나라 사람들에게는 이 방법이 반대로 오른손을 알려주게 될 것이다. J를 닮은 손은 왼손이 아니라 오른손이기 때문이다.

1. 오른손에 대한 문제를 L과 J를 구별하는 문제로 **바꿀 수 있다**. L과 J는 왼손과 오른손의 관계를 가지고 있다. 알파벳 L의 짧은 획 방향을 설명할 수 있다면, 오른쪽도 설명할 수 있다. 반대로 오른손을 알고 있으면, L의 짧은 획 방향을 설명할 수 있다.

2. 문제를 바꾸기는 했지만, 오른손의 본질에 대해 **새로 알게 된 것은 없다**.

오른손 문제는 그 밖의 다양한 문제들과 대등하다. 예를 들어, 어떤 사전은

북쪽을 바라보고 양팔을 폈을 때, 동쪽으로 뻗은 손

이라고 '오른손'을 정의한다. 좋은 정의처럼 보이지만, 이는 북쪽과 동쪽을 알고 있다고 가정한다. 만약 '북쪽'을 정의 한다고 하더라도, 이 상태에서 동쪽과 서쪽을 정하는 문제 는 다시 왼손과 오른손을 구별하는 문제와 같아진다.

5장

─

아레시보 메시지

외계에서 온 신호가 잡혔을 때 최선의 대비책은?
대답하지 않는 것이다.

─양첸닝(1957년 노벨 물리학상 수상자)

오즈마Ozma는 외계지적생명탐사SETI, Search for Extra-Terrestrial Intelligence 의 전신으로, 외계의 지적 문명을 탐사하는 우주 계획이다. SETI는 전파 망원경을 통해 지구 밖에 있을지 모르는 생명, 나아가 지적 생명체에게 지구에 대한 정보를 보내며 교신을 시도한다. SETI로부터 얻은 신호를 잘게 나누어, 여러분의 컴퓨터로 분석하는 것을 도와주는 프로젝트도 있다.

SETI에서 가장 먼저 시도한 것 가운데 하나가 아레시보 메시지Arecibo message다.[3] 1974년, 드레이크 방정식으로 유명한 천체물리학자 프랭크 드레이크Frank Drake가 칼 세이건Carl Sagan 의 자문을 받아,[4] 푸에르토리코에 위치한 아레시보 전파 망

원경을 통해 인류에 대한 가장 중요한 정보를 전파에 담아 우주로 보낸 것이다.[5]

지구에 대한 정보는 어떻게 담았을까?[6] 외계인은 한국어나 영어를 모른다. 지구의 언어를 사용할 수 없다. 언어보다 더 보편적인 것은 빛을 통해 들어오는 정보다. 지구상의 대다수 생명체들이 모두 눈을 가지고 있고, 다른 진화 과정을 겪고도 비슷한 구조로 진화했다.[7] 따라서 우리 지구인들도 보내고자 하는 정보를 그림으로 만들었다. 그러나 그림을 직접 보낼 수는 없으므로, 이를 전파에 실어 보냈다. 문명이 충분히 발달한 곳에서는 전자기학을 이해하고 전파를 다룰 수 있을 것이기 때문이다.

그림은 격자를 만들고 거기에 검정색을 칠해 그릴 수 있다. 이를 0과 1로 바꾸어도 똑같다. 이처럼 두 개의 기호로 이루어진 신호를 '비트bit, binary digit'라고 한다. 컴퓨터를 아는 이들은 비트에 친숙할 것이다. 비트는 디지털 신호의 바탕이 되는데, 신호가 두 개만 있으므로 신호가 조금 약하거나 세더라도 오류 없이 0 아니면 1이라는 것을 전달할 수 있다.

이 신호의 전문을 한번 보자.

00000010101010000000000010100000101000000100100010
00100010010110010101010101010100100100000000000000

00000000000000000000000011000000000000000000011010000

00000000000000011010000000000000000000101010000000000

00000000111110000000000000000000000000000000000110000

11100011000011000100000000000000011001000011010001100

01100001101011111011111101111101111100000000000000000

00000000010000000000000000001000000000000000000000000

00001000000000000000000111111000000000000011111000000

00000000000000000011000011000011100011000100000001000

00000010000110100001100011100110101111101111110111110

11111000000000000000000000000000010000001100000000000100

00000000011000000000000000001000001100000000000111111100

00011000000111110000000000011000000000000010000000010

00000001000001000000110000000100000001100001100000001

00000000000110001000011000000000000000001100110000000000

00001100010000110000000001100001100000010000000010000

00100000000100000100000001100000000100010000000001100

00000010001000000000100000001000001000000100000001

00000001000000000000110000000001100000000011000000000

01000111010110000000000010000000100000000000000001000

00111110000000000010000101110100101101100000010011

100100111111101110000111000001101110000000001010000

0111011001000000101000001111110010000001010000001100
0000100000110110000000000000000000000000000000000000001
1100000100000000000000011101010001010101010100111000
0000001010101000000000000000000101000000000000000011111
0000000000000000111111111000000000000011100000001110
0000000011000000000000110000000110100000000010110000
0110011000000011001100001000101000001010001000001000
1001000100100010000000001000101000100000000000010000
1000010000000000001000000000010000000000000010010100
00000000011110011111010011111000

외계인의 입장이 되어, 이 신호를 받았다고 생각해 보자.
어떻게 해독할까? 아무런 사전 약속 없이 신호의 내용을 알
게 하고 싶다면, 무슨 신호인지 몰라도 이를 해독할 수 있도
록 보내는 사람이 신호를 특별하게 만들어야 한다. 과학자
들, 특히 다른 문명과 의사소통을 연구하는 이들은 아무런
배경지식이 없어도 해독할 수 있는 신호 전달을 연구했다.
　이 신호는 총 1,679비트로 이루어져 있다. 특별히 이 숫
자를 이용한 이유는 그림에 대한 정보가 없어도 그림을 펼
쳐볼 수 있도록 하기 위해서였다.[8] 수학을 어느 정도 아는
문명이라면 1,679에 단 두 개의 숫자가 들어 있다는 것을

알 수 있을 것이다. 1,679는 23과 73, 두 소수의 곱으로 이루어지고, 따라서 23개의 비트를 한 줄로 해서 73줄로 펼쳐 그리면 다음과 같은 그림을 얻을 수 있다.

[그림 4] 아레시보 메시지를 직사각형이 되도록 펼쳐, 0은 빈칸, 1은 점이 되도록 그리면 이와 같은 그림이 나온다. 지구와 지구인에 대한 설명이 들어 있다.[9]

이 그림에 어떤 정보가 들어 있는지 나름대로 해석해 보자. 먼저 그림처럼 생긴 것은 바로 알아볼 수 있다. 사람 모양과 망원경 모양이다.

질문: 1,679는 23×73도 되지만 73×23도 된다. 73개씩 글자를 끊으면 어떤 그림이 되는가?

답변: 그림을 그리는 데 실패할 것이다. 한동안 고민하다가 외계인은 23개씩 끊어보고 제대로 된 그림을 그릴 것이다.

질문: 이 신호를 처음부터 받았는지 아니면 중간부터 받았는지는 어떻게 아나?

답변: 답은 1997년 영화 〈콘택트Contact〉에 나와 있다.[10] 힌트는 외계 문명도 우리 문명만큼 수에 대해 잘 알고 있다고 보는 것이다. 수는 신호에 가장 쉽게 담을 수 있는 것이다. 문명을 초월한 보편적인 수의 성질은 무엇이 있을까?

·········· 참고 사이트 ··········

SETI 홈페이지

외계와의
전파 메시지
interstellar radio
message, IRM

6장

오즈마 문제

**내 손이나 내 귀가 거울에 비친 상만큼이나
비슷한 것이 과연 세상에 있을까?**
—이마누엘 칸트, 『형이상학 서설』(1783)

앞서 오른손이 어떤 손인지를 **약속**하는 법을 알아보았다.
이렇게 약속하는 방법이 아니라 **설명**하는 방법은 없을까?
왼쪽과 오른쪽이 어떤 차이가 있는지를 근본적으로 알면,
이를 통해 설명할 수 있다. 마틴 가드너는 앞 장에서 보았
던 이름을 따서 이 문제에 '오즈마 문제'라는 이름을 붙이
고, 이를 분명한 질문으로 만들었다.

오즈마 문제(가드너, 1964): 펄스 신호로 전달할 수 있는 언어
로 왼쪽이라는 뜻을 전달하는 방법이 있을까? 이때 신호를
받는 이들이 실험을 통해 알아낼 수 있도록, 어떤 말로든 알

려줄 수 있다. 단, 하나의 조건이 있다. 우리와 그들이 공통
적으로 알고 있는 비대칭 물체나 구조가 없다는 것이다.

이 문제에서 가정하는 것은, 외계인의 문명도 충분히 발
전해서 지구인이 이야기하는 것을 다 만들어 낼 수 있다는
것이다. 예를 들어, 우리가 신호를 통해 전자를 발생시키라
고 지시하면 외계인도 이를 만들 수 있다고 가정한다.

제안: 화성인이라면, 지구와 화성이 태양 주위를 어떤 방향
으로 공전하는지 알고 있을 것이다. 이를 통해 각자의 행성
에서 해 뜨는 방향을 동쪽, 해 지는 방향을 서쪽으로 정하라
고 하면 된다.

이 제안은 두 쪽 모두가 알고 있는 비대칭 구조가 없다는
조건을 어기고 있다. 우리는 받는 이들에게 해가 지나가는
방향이나 시곗바늘이 돌아가는 방향을 알려주어서도 안
된다. 따라서 우리는 화성인보다는 안드로메다은하에 있
는 외계인에게 왼손을 알려주고자 한다고 가정하자.[11]
앞서 본 것처럼, 알파벳 L의 비대칭성을 이용해 오른쪽
을 알려준다고 하자.

안드로메다인: 나는 그 글자를 몰라. 그 엘이라는 글자의 모양을 설명해 줘.

지구인: 먼저 선분을 그리고 세로로 세워봐.

안드로메다인: 응. ('ㅣ'을 그리고 세운다.)

지구인: 그다음 이 선분 아래쪽에 짧은 획을 붙이는데, 오른쪽으로 뻗어나가도록 붙이면 돼.

안드로메다인: 잠깐만, 오른쪽? 우리는 오른쪽이 어떻게 정의되는지를 이야기하고 있었어.

말로 설명할 수 없다는 것을 깨달은 지구인과 안드로메다인은 아레시보 메시지처럼 L을 그림으로 변환해 보내기로 한다.

그림을 직접 보낼 수도 있지만, 오즈마 문제에서는 그렇게 하지 않기로 했다. 지구인과 안드로메다인이 공통적으로 가지고 있는 비대칭 구조물이 없어야 한다고 했기 때문

이다.

　지구인은 그림을 스캔해서 신호로 바꾼 뒤, 무선 통신을
하던 전파를 통해 안드로메다은하로 신호를 보낸다. 그림
을 자료로 바꾸는 것은 어렵지 않다. 글자가 쓰인 부분은 1,
빈 부분은 0으로 만들면 된다.[12]

　　　　0000000000000

　　　　0001100000000

　　　　0001100000000

　　　　0001100000000

　　　　...

　　　　0001111111100

　　　　0001111111100

　　　　0000000000000

　이런 식으로 될 것이다. 이 신호를 순차적으로 보내자.
그러면 신호는 다음과 같을 것이다.

　　　　000000000000000011000000000001100000000001100000000

　　　　...

　　　　0000000000000

안드로메다인에게 이 신호를 끊어 읽는 방법을 말로 알려줄 수 있다. 알려주지 않아도 안드로메다인은 이 자료의 길이가 두 소수들의 곱인 13×17이 된다는 사실을 알아챌 것이다. 안드로메다인이 어떤 방식으로 문명을 발전시켰든지, 어떤 수 체계를 쓰든지, 나눗셈의 성질은 같아야 한다. 따라서 13개씩 잘라 한 줄을 만들고, 이를 반복해 평면의 그림을 만들 수 있다.

> **지구인**: 받았지? 도형의 긴 획을 세로로, 짧은 획이 아래로 가도록 세워. 아래는 중력이 작용하는 방향이야. 이때 짧은 획이 긴 획에서 뻗어나가면서 가리키는 방향이 바로 오른쪽이야!

안드로메다인이 신호를 받아 나열하는 방법에는 두 가지가 있다. 지구인이 원하던 대로 숫자를 나열하는 방법도 있지만, 안드로메다인은 보낸 것과 달리 글씨를 오른쪽에서 시작해서 왼쪽으로 써갈 수도 있다. 그러면 재구성한 글자는

0000000000000
0000000011000

```
0000000011000
0000000011000
...
0001111111100
0001111111100
0000000000000
```

이 된다. 이를 그림으로 그리면

이 되는 것이다. 오른손을 알려주고 싶었는데, 왼손을 전달해 준 셈이다.

그렇다면 재구성한 신호가 뒤집히지 않는다는 것을 어떻게 보장할까? 그림 전송을 받고 나서 그림을 왼쪽에서 오른쪽 인쇄해야 제대로 그려진다고 알려줄 수 있다. 그런데 어느 방향으로 인쇄하라고? 우리는 오른쪽을 설명하려고 이 그림을 보낸 것이다. 조금만 더 생각해 보면 이런 방

법으로는 왼쪽을 절대로 알려줄 수가 없다는 것을 깨닫게
된다. 말로 설명할 수 없다. 즉, 우리는 왼손과 오른손이 어
떤 차이가 있는지 모른다. 다음 중에서 하나만 알면 나머지
를 한꺼번에 알 수 있다.

1. 왼쪽 또는 오른쪽
2. L의 모양
3. 올바르게 인쇄하는 방향

이것들 모두 왼쪽과 오른쪽이라는 특성을 가지고 있기
때문이다.

둘

대
칭

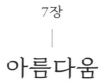

7장

아름다움

위대한 아름다움은 위대한 명료함에 있다.

—고트홀트 레싱(독일의 극작가, 문학평론가)

꽃은 왜 아름다울까?

아름다움에 대한 의견은 너무 많아서 이 주제만으로도 학문 분과를 이루지만, 이 책에서 사용할 개념인 **대칭**symmetry 으로 아름다움의 한 측면을 설명할 수 있다. 꽃은 꽃잎이 규칙적으로 배열된 모양이다. 그래서 꽃의 모양은 쉽게 이해할 수 있고 안정감을 준다.

인간을 포함해, 모든 동물은 상황을 빨리 파악할수록 생존에 유리하다. 우리 뇌도 실수를 조금 일으키더라도 무조건 빠르게 판단하도록 진화했다. 사자가 잡아먹으려고 달려오는 것을 보고 3초 후의 위치를 뉴턴의 운동 법칙으로

계산하다가는 준비도 하기 전에 잡히고 만다. 우리 조상들
은 이를 어떻게 계산하는지 모르는데도 살아남았다. 사자
가 달려오는 장면을 두 눈으로 보는 즉시, 거리와 주변 상
황을 직관적으로 파악해 피한 것이다. 사실, 우리가 의식하
지 않아도 뇌는 위치와 거리를 계산한다.

[그림 5] 벌의 눈에는 왼쪽 사진이 오른쪽 그림처럼 상이 맺힌다. 프로그램 B-아이B-eye
로 만들었다.

이것은 사람보다 벌에게 훨씬 더 중요하다. 꽃이 자손을

만들려면 벌이 몸에 꽃가루를 묻혀 다른 꽃에 수정해야 한다. 따라서 벌의 눈에 잘 띄는 것이 중요하다. 벌은 우리 눈과 다른 구조를 가지고 있어서 다른 모양을 보고 다른 색깔을 본다. 벌이 시각 정보를 뇌에서 어떻게 처리하고 실제로 어떤 모습을 보는지 모르지만, 망막에 맺히는 그림을 그려 보면 그림 5의 오른쪽 그림과 같다. 상당히 일그러진 상이 맺히므로 사람 얼굴의 중요한 부분을 놓칠 수 있다. 그러나 꽃이나 거미줄처럼 일정한 모양을 가지고 있으면 벌이 쉽게 파악할 수 있다. 물론 거미의 입장에서는 대칭으로 거미줄을 치는 것이 가장 경제적이지만, 벌에게 거미줄이 쉽게 파악당하는 단점이 있다. 자연은 이러한 절묘한 균형과 긴장을 가지고 여러 생명들을 유지한다.

꽃의 입장에서도 반복적인 모양이 경제적이다. 똑같이 기능하는 것이 많이 필요하다면, 간단한 단위 모양을 여러 개 만들면 된다. 만약 모든 꽃잎이 다르게 생겨야 한다면, 꽃잎 하나하나마다 다른 설계도와 제조 과정이 있어야 한다. 그러나 실제로는 꽃잎 모양이 같으므로, 하나의 설계도만 있으면 많은 꽃잎들을 만들 수 있다.

반복과 균형은 사람에게도 친숙하고, 우리는 무의식중에 이를 따른다. TV에 등장하는 냉장고를 보면, 보통 음료수가 일정한 간격을 두고 가지런히 정리되어 있다. 일단 음료수를 가지런하게 배열하면 냉장고를 열었을 때 얼마나 많은 음료수가 있는지를 한눈에 파악할 수 있다. 또 쉽게 찾을 수도 있다. 무엇보다 좋은 점은 음료수를 같은 간격으로 유지하면 같은 양의 전기로도 최대한 효율적으로 골고루 차갑게 만들 수 있다는 것이다.

[그림 6] 여러 종교를 상징하는 도형. 안정감을 주기 위해 대칭을 어느 정도 가지고 있으나 완벽한 대칭은 재미가 없어 조금씩 변형되었다.

꽃잎은 왜 완전히 같지 않을까? 꽃잎을 설계도대로 완벽하게 만들려면 많은 노력이 필요하고, 꽃잎이 자라는 과정이 완벽하게 조절되어야 하기 때문이다. 실제로는 꽃잎이 자라는 동안 날씨와 같은 환경이 바뀌어서 조금씩 다르게 자란다. 따라서 대칭이 완벽한 꽃이 있다면 그 꽃은 누군가

가 정성 들여 가꾸었다는 증거다. 어떤 연구는 좌우 대칭이
완벽한 사람을 매력적으로 느낀다는 결과를 보여준다.

완벽한 대칭이 유지되지 못하는 것이 꼭 나쁜 것은 아니
다. 사람은 또 너무 단순하면 흥미를 잃는다. 조금씩 대칭
이 깨져야 재미를 느낀다. 갖가지 종교 문양들을 보면, 주
로 대칭을 가지고 있으나 조금씩 변형을 주었다는 것을 알
수 있다.

8장

대칭

**대칭은 거대한 주제이고, 예술과 자연에서 매우 중요하다.
그 근본에 수학이 있고, 수학이 작동하면서 보여주는 것보다
더 나은 것을 찾기 어렵다.**

—헤르만 바일, 『대칭』(1952)

앞 장에서 우리는 대칭이라는 개념을 직관적으로 파악했다. 이 개념이 왼손과 오른손의 차이를 알려주므로, 이를 정리하겠다. 이 장에서는 눈으로 쉽게 볼 수 있는 대칭인 기하학적인 대칭을 다룬다. 그중에서도 가장 중요한 회전 대칭rotational symmetry과 양방향 대칭bilateral symmetry을 알아본다.

먼저 회전 대칭을 살펴보자. 그림 7의 가장 왼쪽 도형인 동그라미를 보자. 원은 어떻게 돌려보아도 같다. 이처럼 대칭은

어떤 작동을 했을 때 바뀌지 않는 것

으로 정의할 수 있다. 여기에서 '작동operation'은 도형을 돌리거나 변형하는 행동을 일컫는 수학 용어다. 동그라미의 대칭에 해당하는 작동은 회전이다.

[그림 7] 원, 정오각형, 정사각형, 정삼각형. 회전 대칭이 큰 순서대로 나열했다.

회전에는 정도가 있다. 동그라미는 어떤 각도로 돌리나 모양이 같다. 그러나 정사각형은 아무렇게나 돌린다고 모양이 같아지지는 않는다. 시계 방향으로 30도를 돌리면 모양이 바뀐다. 90도 돌렸을 때는 모양이 같다. 한 바퀴, 즉 360도 돌리는 동안에는 이 일이 네 번 반복된다. 360을 90으로 나누면 4가 나오기에, 이를 '4차 대칭'이라고 한다.

[그림 8] 정사각형은 30도 돌리면 모양이 바뀌지만, 90도 돌리면 원래 모양으로 돌아온다. 한 바퀴 돌리는 동안 이 일이 네 번 반복된다.

정삼각형의 대칭은 정삼각형이 한 바퀴 도는 동안 모양

이 세 번 같아지므로 차수가 3이다. 그런 면에서 정사각형의 대칭은 원보다 작고, 정삼각형보다 크다. 차수가 많을수록 대칭이 큰 것이다. 모든 모양은 한 바퀴를 완전히 돌리면 같으므로, 차수가 1이면 대칭이 없는 것이다.

꽃잎이 다섯 장인 꽃을 상상해 보자. 배경은 생각하지 않고 꽃만 생각하면, 이 꽃의 회전 대칭은 오각형의 회전 대칭과 똑같다. 다시 말해, 한 바퀴를 돌리는 동안 꽃은 다섯 번 같은 모양이 된다. 그러나 보통 꽃은 완벽한 대칭을 가지고 있지 않고, 꽃잎의 모양이 조금씩 다르다. 만약 꽃이 완벽한 대칭을 가지고 있다면, 보지 않는 동안 누군가가 꽃을 돌려놓아도 우리는 그 사실을 알 수 없다.

[그림 9] 별무늬두리알락나비

다음으로 '선대칭 line symmetry' 또는 '반사 대칭 reflection symmetry'이라고도 불리는 양방향 대칭을 알아보자. 양방향 대칭을 일으키는 작동은 거울에 비추는 것이다. 이를 **'거울 뒤집**

기mirror reflection'라고 부르자. 이렇게 뒤집는 데 필요한 가상의 거울을 '대칭축symmetry axis'이라고 한다. 대칭축에 대해 그림이 바뀌지 않는다면, 그림은 양방향 대칭이 있다. 예를 들어, 그림 9의 나비는 양방향 대칭을 가진다.

그림 7에 있는 원과 모든 정다각형은 회전 대칭뿐만 아니라 양방향 대칭도 가지고 있다. 정삼각형이 아닌 이등변 삼각형은 회전 대칭은 없고 양방향 대칭만 가지고 있다. 그러나, 정삼각형 모양을 유지하더라도 도형에 점을 찍어서 대칭을 깰 수도 있다.

[그림 10] 정삼각형은 양방향 대칭과 세 번 반복되는 회전 대칭을 가지고 있다. 이등변 삼각형은 회전 대칭이 없고 양방향 대칭만 있다. 정삼각형 위에 점을 찍으면 양방향 대칭이 남거나, 아무 대칭도 남지 않는다.

양방향 대칭 도형을 만드는 것은 간단하다. 하나의 도형을 뒤집어서 붙이면 된다. 이를 응용한 데칼코마니는 물감이 마르기 전에 종이를 접어 양쪽에 같은 그림이 찍히도록 만드는 기법이다. 그림을 하나만 그려도 두 개를 얻을 수 있을 수 있는 경제적인 방법이다. 아마도 나비의 모양은 자연의 데칼코마니라고 볼 수 있을 것이다.

이처럼 대칭을 가진 도형은 언제나,

하나의 그림에, 작동을 시켜 복사한 뒤, 붙여서

만들 수 있다. 데칼코마니는 거울 반사라는 작동을 통해 이렇게 만들었음을 확인하자. 마찬가지로, 회전 대칭 도형은 주어진 도형을 회전시켜 복사하면 만들 수 있다. 꽃을 그렇게 만들 수 있다. 꽃잎을 놓고, 돌리고, 꽃잎을 놓고 하는 것을 반복하면 꽃 모양이 된다. 앞서 이야기한 것처럼, 꽃은 대칭을 통해 자원과 노력을 아낄 수 있다.

[그림 11] 분해된 꽃. 꽃이 대칭인 이유 가운데 하나는 경제적이기 때문이다. 똑같은 꽃잎을 만들어 이어 붙이면, 꽃 전체를 일일이 만들 필요가 없다. 꽃잎만 만들고 이를 이어 붙이기만 하면 된다. 꽃잎 하나를 꽃대에 붙이고 일정한 각도를 돌리고 또 붙이는 것을 반복하면 대칭인 꽃이 된다.

회전 대칭과 양방향 대칭은 어떤 관계가 있을까? 이등변 삼각형처럼, 회전 대칭은 없지만 양방향 대칭만 있는 도형은 쉽게 생각할 수 있다. 알파벳 A, M 등이 그렇다. 반대로, 양방향 대칭은 없지만 회전 대칭이 있는 도형도 있을까? 알파벳 S 자나 색깔 없는 태극무늬가 그렇다.

[그림 12] 회전 대칭은 있지만 양방향 대칭은 없는 도형. S 자와 태극무늬는 두 번 돌리는 회전 대칭이 있고, 삼태극무늬도 색깔이 없으면 세 번 돌리는 대칭을 가진다.

 S 자와 색깔 없는 태극무늬는 2차 회전 대칭을 가지고 있지만, 양방향 대칭은 없다. 색칠되지 않은 삼태극무늬는 3차 회전 대칭을 가지고 있지만, 양방향 대칭은 없다. 그러나 그림처럼 세 가지로 색을 구별하면 회전 대칭도 깨진다. 원에 화살표를 붙이거나 하면, 회전 대칭이 (일부) 유지되는 가운데 양방향 대칭이 깨진다. 종합하면, 회전 대칭과 양방향 대칭은 서로 관계가 없다.
 마지막으로, 대칭이 있다는 것은 변하지 않는 것이 있다는 것이다. 도형의 모양 대칭에서는 자명하지만, 이 사실은 추상적인 대칭에 대해서도 성립한다. 이를 독일의 수학자 에미 뇌터Emmy Nœther가 증명했다.

9장

—

왼쪽과 오른쪽의 관계, 홀짝성

보행자는 보도에서는 우측통행을 원칙으로 한다.

—〈도로교통법〉 제8조 4항

왼손과 오른손을, 대칭이라는 개념을 통해 조금 더 정확하게 구별할 수 있다. 이를 위해 투표 도장의 모양을 생각해 보자.

투표하는 사람은 투표용지를 가지고 기표소에 가서, 투표하고자 하는 후보의 칸에 그림 13에서 볼 수 있는 모양의 도장을 찍는다. 그리고 투표용지를 접은 뒤, 가지고 나와 투표함에 넣는다. 투표는 비밀 선거가 원칙이므로, 기표소는 사방이 막혀 있고 투표하는 사람은 투표함에 투표용지를 넣을 때 어느 칸에 도장을 찍었는지 보이지 않도록 접는다. 사람에 따라 한 번 접는 사람도 있고, 두 번 이상 접는 사람도 있다.

[그림 13] 투표 도장의 모양과 투표용지.

왜 투표 도장은 그림 14에서 보이는 모양이 아닐까?

[그림 14] 왜 투표 도장은 이런 모양이 아닐까?

이것들 가운데 어떤 모양이어도 후보자를 표기하는 데 지장이 없을 것이다. 중요한 것은 어느 칸에 찍었는지다. 뽑고 싶은 사람 이름 옆에 도장을 찍기만 하면 된다.

그런데 잉크를 너무 많이 묻혀 도장을 찍으면, 앞 장에서 이야기한 데칼코마니가 만들어질 수 있다. 다시 말해, 투표용지를 접었을 때 내가 투표하고자 하는 후보의 칸에 찍힌 잉크가 번져 다른 칸에 도장이 찍힐 수 있다.[13]

그런 일이 일어났을 때, 만약 투표 도장이 그림 14에 나온 모양이라면 원래 상과 **뒤집혀 찍힌 상을 구별할 수 없다**. 이 것들은 모두 양방향 대칭성을 가지고 있기 때문이다. 그러나 그림 13의 투표 도장을 사용하면, 이 둘을 구별할 수 있다. 투표용지를 접었을 때 생기는 상은 그림 13의 도장 모양을 (앞 장에서 배웠던) 거울 뒤집기한 상이 되기 때문이다.

[그림 15] 투표 도장에 잉크가 너무 많이 묻어 투표용지가 접혀 상이 생기더라도, 모양으로 원래 기표를 알아볼 수 있다.

따라서 그림 15의 왼쪽에 있는 상이 원래 기표라는 것을 알 수 있다. 오른쪽에 있는 상은 아무리 돌려도 왼쪽에 있는 상처럼 만들 수 없다. 다음 그림을 참조하자.

[그림 16] 투표 도장은 선대칭이 없는 모양이므로, 뒤집혀 찍힌 상과 혼동할 걱정이 없다. 상을 아무리 돌려도 좌우가 뒤집힌 상이 되지 않는다.

물론, 돌아간 상은 허용해야 한다. 투표 도장을 여러 가지 각도로 찍을 수 있기 때문이다.

투표 도장의 원래 상과 뒤집혀 찍힌 상은 왼손과 오른손의 특징을 가지고 있다. 2장에서 이야기했던 닮은 점과 다른 점을 다시 한번 확인해 보자. 도장을 찍은 다음 접어서 데칼코마니를 만들면 일종의 같은 모양이 되지만, 원래 상을 아무리 돌려도 반대 상이 되지는 않는다. 왼손과 오른손의 차이도 마찬가지로 다음과 같이 정의할 수 있다.

왼손과 오른손의 관계: 양방향 대칭이 없는 모양을 **뒤집기한 관계**.

양방향 대칭이 없기만 하면, 모두 투표 도장이 될 자격이 있다. 따라서 대칭이 없는 어떤 모양도 가능하다.

[그림 17] 양방향 대칭이 없다면, 어떤 모양도 투표 도장이 될 수 있다.

그림 17처럼 어떤 대칭도 없는 무늬도 가능하고, 그림 12

에 있는 회전 대칭이 있지만 양방향 대칭이 없는 무늬도 가능하다. 다만, 그것이 진짜 유효한 투표 도장인지 알아보는 데 시간이 걸리므로, 양방향 대칭이 없는 가장 간단한 모양인 그림 13의 투표 도장을 만든 것이다.

물론, 돌아간 상은 같은 상으로 보아야 한다. 왼손과 오른손의 차이만이 올바른 기표와 잘못된 기표를 구분한다.

이와 관련해 다음과 같은 사실을 알 수 있다.

거울 뒤집기를 두 번 하면 원래 상과 같아진다.

같은 축에 대해 그림을 두 번 뒤집는 것이라면 이는 자명하다. 그림 18을 보자. 뒤집기 축을 다르게 두 번 뒤집으면 어떻게 될까?

[그림 18] 축을 다르게 해, 거울상 뒤집기를 두 번 하면 언제나 회전이 된다.

즉, 뒤집기를 다른 축에 대해 두 번 하면 회전한 것이 된다. 그림에서는 쉬운 뒤집기만 했는데, 수직 축, 수평축이 아닌 복잡한 두 축에 대해 뒤집기를 해보아도 회전한 도형을 얻을 수 있다. 왼손과 오른손도 두 번 바뀌면 같은 손이 된다. 즉,

어떤 면에 대해 두 번 뒤집으면, 원래 도형을 돌린 것과 같다.

이는 홀수와 짝수를 더하는 것과 같다.

어떤 수에 홀수를 더하면 홀짝이 바뀐다.
어떤 수에 홀수를 두 번 더하면 홀짝이 그대로다.

따라서 왼손과 오른손의 관계를 '홀짝성'이라고도 한다. 따라서 이 책 전체에서는,

거울 뒤집기 = 홀짝성 바꾸기

라고 보겠다. 영어로는 '쌍이 이루는 성질'이라고 해서 '패리티parity'라고 부른다. 수의 양, 음도 홀짝성을 가진다.

어떤 수에 (−1)을 곱하면 양, 음이 바뀐다.

어떤 수에 (−1)을 두 번 곱하면 양, 음이 그대로다.

대부분의 경우에 합과 곱은 같은 구조를 갖는다. 예를 들어, $(−1)^{짝수} \times (−1)^{홀수} = (−1)^{짝수+홀수}$이 되기 때문이다. 자연에는 손 말고도 짝을 이루는 것들이 많다. 앞서 보았던 L과 (J와 비슷한) 뒤집힌 L이 한 가지 예다. L 자 모양은 회전 대칭이 없으며, 이를 거울에 비추면 뒤집힌 L의 모양이 된다. 조금 더 복잡한 모양도 생각할 수 있다. 대표적인 것이 나사다. 나사를 돌리면, 수직 방향으로 곧게 움직인다. 다시 말해, 나사는 회전 운동을 병진 운동으로 바꾸는 도구다.

그림 19에서 보이는 나사는 아래쪽에서 시계 방향으로 돌리면 앞으로 움직인다. 이 나사는 '오른나사'라고 불리는데, 왜 이렇게 불리는 것일까?

오른손을 사용해 나사가 이동하는 방향을 엄지손가락과 일치시키면, 나머지 네 손가락은 나사를 돌리는 방향을 가리키기 때문이다. 그러나 오른손을 연관시키는 것이 절대적인 것은 아니다. 어떤 사람은 이 나사를 왼손과 연관시킬 수 있다. 엄지손가락을 나사가 움직이는 방향으로 약속하는 것이 아니라, 나사 머리가 있는 방향으로 약속할 수도 있기 때문이다. 여전히 오른손과 왼손의 차이는 **본질적으로** 알 수 없다. **차이가 있다는** 사실만 알 뿐이다.

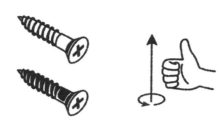

[그림 19] 흔히 '오른나사'라고 불리는 나사. 오른손의 엄지손가락을 나사의 진행 방향과 일치시키면, 나머지 네 손가락이 나사를 돌리는 방향과 일치하게 된다. 그러나 이를 오른 손과 연관시키는 것은 순전히 관습이다. 엄지손가락을 나사 머리 방향과 일치시키면 '왼 손나사'라고 부를 수도 있는 것이다.

10장

|

대칭의 힘

**우리에게는 대상에 가하는 작동이 무엇인지 몰라도 되는 슈퍼 수학과
이 작동을 통해 무엇을 하는지 모르는 슈퍼 수학자가 필요하다.
그러한 슈퍼 수학이 바로 군론group theory이다.**

─아서 에딩턴(영국의 이론물리학자, 천문학자)

대칭은 막강한 힘을 가지고 있다. 대상의 대칭을 알면, 자세한 것을 몰라도 대상의 성질을 파악할 수 있다.

예를 들면, 공 모양의 구조물이 다른 모양보다 더 튼튼하다는 것을 보일 수 있다. 비눗방울이 공 모양이 아니라 그림 20처럼 럭비공 모양이라고 하자. 그러면 공 모양에 비해 튀어나온 부분도 있고 평평한 부분도 있을 것이다. 우리는 비눗방울이 어떤 화학 구조로 이루어져 있는지 몰라도, 확실한 것은

튀어나온 부분이 다른 부분보다 **더 튼튼하거나 더 약할 것**이다.

그리고 평평한 부분은 **그 반대일 것**이다.

그렇다면 어느 한 부분은 완전한 공 모양일 때보다 더 약할 것이다. 튀어나온 부분이 약한지 평평한 부분이 약한지 모르지만, 하나가 더 강하면 다른 하나는 더 약하다. 완전한 공 모양이 지닌 임의의 점보다 약한 점을 가진 모양이므로, 이 비눗방울은 더 터지기 쉽다.

[그림 20] 찌그러진 공 모양의 구조는 완전한 공 모양보다 약하다. 이를 대칭만으로도 알수 있다. 공을 무엇으로 만들었는지 등, 자세한 정보를 몰라도 이를 알수 있다.

이것이 대칭의 힘이다. 우리는 비눗방울이 어떤 분자들로 이루어졌는지, 이 분자들이 어떤 화학 작용으로 얽혀 있는지 모른다. 비눗방울이 튼튼한지 알려면 그 내막을 자세히 알아야 할 것 같은데, 이를 모르고도 튼튼함을 알아낸 것이다.

공이 튼튼한 구조를 가지는 이유는 모든 부분에 힘이 골고루 분산되기 때문이다. 이와 관계가 있는, 최소 곡면minimal surface이라는 수학 개념이 있다. 공은 주어진 재료(비눗물)를 가지고 만들 수 있는 가장 큰 부피를 가진 모양이다. 반대로 주어진 부피를 만들 때 가장 재료를 적게 쓰는 면이다.[14] 이를 연습해 보기 위해, 줄 하나를 가지고 여러 사각형을 만들어 보면 정사각형을 만들었을 때 넓이가 가장 커진다는 것을 알 수 있다.

[그림 21] 일정한 길이로 만들 수 있는 사각형들 가운데 정사각형으로 둘러싼 넓이가 가장 크다.

이는 모든 다각형에 대해 성립한다. 일정한 길이로 만들 수 있는 다각형 가운데 정다각형이 둘러싼 넓이가 가장 넓다. 그리고 일정한 길이로 여러 다각형을 만든다면, 각이 많을수록 그 넓이가 더 넓다. 따라서 일정한 길이로 만들 수 있는 도형 가운데 원이 둘러싼 넓이가 가장 넓다. 일정한 양의 비눗물로 만들 수 있는 가장 큰 부피의 물체는 공일 것이다. (여기에서 일정한 것은 속이 빈 입체의 표면적이다.) 이 설명은 수학에서 엄밀하게 증명하는 것에 비하면 허술하다. 예를 들어, 우리가 생각한 것에서 오목한 부분이 있을 가능성은 따져보지 않았다. 하지만 사람들은 경험을 통해 모든 가능성을 고려해도 원이 가장 넓은 도형이라는 것을 어느 정도 알고 있다.

비누거품이 모이면 서로 뭉치기도 하지만, 터지지 않고 각 칸들이 서로 밀어내면서 붙기도 한다. 이때 최대 넓이를 가진 도형이 되는데, 이것이 바로 벌집의 모양이다. 벌들은 대칭을 이용해서 넓은 집을 짓는 것이 아니다. 그냥 동그랗게 집을 지어 서로 붙이는데 이것이 벌집 모양이 되는 것이다.

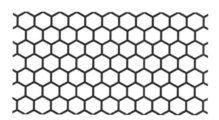

[그림 22] 벌집 구조. 주어진 재료로 가장 적은 공간을 차지하는 격자 모양이다. 비누거품이 붙어 만들어지는 구조이기도 하다.

사람들은 이 모양에 착안해, 재료를 적게 쓰면서 튼튼하기도 한 구조를 만들었다. 스웨덴의 가구 회사 이케아IKEA가 만든 가볍고 튼튼한 책상이 대표적인데, 책상을 뜯어보면 벌집처럼 속이 비어 있다.

　이렇게 만든 책상은 무거운 물건을 올려놓아도 힘을 잘 받는다. 빈 곳에는 나무를 쓸 필요가 없어 재료 값이 절약되는 것은 물론이다. 옆으로 압축하는 힘에는 이러한 구조가 상대적으로 취약하지만 책상을 이렇게 누르는 경우는 거의 없으며, 가장 바깥쪽 틀을 조금만 튼튼하게 만들면 일상생활에서 책상으로 쓰는 데 문제가 없다.

　꿀벌만 대칭을 알고 있는 것은 아니다. 잠자리의 날개도 비슷한 구조를 가지고 있다. 잠자리의 날개는 완전한 벌집 모양이 아닌데, 부분 부분 받는 힘이 다르기 때문이다. 물론 잠자리가 이를 계산한 것은 아니고, 날개가 자라며 서로 힘을 주고받아서 (마치 타원 거품이 공 모양의 거품이 되듯) 자신의 모습을 형성한 것이다. 인간은 무의식중에 뼈를 이러한 구조로 튼튼하게 만든다. 뼈는 자극을 받으면서 힘을 버티는 방향으로 벌집 같은 칸막이를 발달시킨다. 이렇게 뼛속을 비우면 뼈의 무게가 가벼워질 뿐만 아니라 다른 기능도 넣을 수 있다. 넓적다리뼈 등에는 혈관이 들어 있고, 골수에는 피와 백혈구를 만드는 공장이 들어 있다.

　인간은 인간의 뼈가 이러한 구조를 가지고 있다는 것을 오랫동안 알아채지 못했다. 오히려 벌집과 잠자리 날개를 보고 비슷한 구조물을 새로 만들었다. 예를 들어, 비행기의 날개를 가볍고 튼튼하게 설계해, 여객기의 연료를 그 날개 안에 넣었다. 이 모든 것을 알아내는 데 재료공학도, 생물학도 사용하지 않았다. 우리가 사용한 것은 오직 대칭뿐이 었다.

11장

|

깨진 대칭

"범인은 이 안에 있다."
—만화 『소년탐정 김전일』

탐정소설의 주인공이 되어,[15] 누군가에게 납치되어 눈을 가린 채 호텔에 들어선다고 생각해 보자. 엘리베이터에서 내린 뒤에야 안대를 벗을 수 있다면, 몇 층에 있는지 어떻게 알아낼 수 있을까?

눈을 뜨고 엘리베이터에 탄다고 해도 알 수 없는 상황이 있다. 엘리베이터 안에 층 표시가 없고, 엘리베이터 밖에도 모든 층의 내부 장식이 똑같다면, 엘리베이터가 멈추어 문이 열려도 몇 층인지 알 수 없다. 엘리베이터의 움직임을 인식할 수 없다면, 다른 층에 가서 문이 열렸는지, 움직이지 않고 한 층에만 계속 열렸다 닫혔다 하는지도 구별할 수 없다. 이렇게 왼쪽, 오른쪽, 위, 아래로 직선 이동하는 것에 대한 대칭을 '병진 대칭translational symmetry'이라고 한다.

[그림 23] 모든 층의 내부 장식이 똑같다면, 어느 층에 있는지 알 수 없다.

실제로는 엘리베이터 입구와 안의 계기판에 몇 층인지 표시되어 있다. 몇 층인지 표시되어 있다면, 모든 층의 내부 장식이 똑같은 것이 아니다. 이 숫자 때문에 다르다. 대칭은 깨져 있다. 이와 같이,

대칭은 깨져야만 관찰할 수 있다.

창밖을 내다보면 풍경이 다른 것도 대칭이 깨진 것이다. 각 층에서 바깥 풍경이 다르게 보이기 때문이다. 불투명한 창문이 닫혀 있다면, 풍경을 보고 층을 알 수 없다.

원을 다시 생각해 보자.

내가 다른 데를 보고 있을 때 누군가가 원을 돌려놓는다면, 이 원이 돌아갔는지 돌아가지 않았는지 알 수 없다. 원을 보고 있어도, 손으로 원이 그려진 종이를 돌리는 것이 아니라 원 자체만 돌아간다면, 그 사실을 알 수 없다. 눈에는 똑같이 보인다.

[그림 24] 대칭은 깨져야만 알 수 있다. 누군가가 원을 돌려놓아도, 원이 원래대로인지 돌아갔는지 알 수 없다.

질문: 그래도 우리는 원의 회전 대칭이 있다는 것을 보고 있지 않은가. 대칭이 깨지지 않은 상태에서 보고 있다.

   사실, 원의 회전 대칭이 있지만 원을 볼 수 있는 이유는 원 주변에 글자가 있고 원이 책 속에 그려져 있기 때문이다. 예를 들어, 별을 하나도 볼 수 없는 우주 공간을 상상해 보자. 그리고 우리가 딛고 있는 것이 희미한 원이라는 것을 발견했다고 해보자.

   원을 따라 걸으면, 우리가 원 위의 한 위치에서 다른 위치로 옮겨 간다는 느낌이 들까? 그렇지 않다. 아무리 걸어도 제자리에 있는 것처럼 느껴질 것이다. 다른 위치로 간다는 이정표가 없기 때문이다. 원 위에 물건이 하나 놓여 있거나 멀리 별빛이 보여야만, 우리는 상대적으로 다른 곳으로 이동한다고 느낄 수 있다. 다시 한번, 원형 대칭도 살짝 깨져야만 대칭을 인식할 수 있는 것이다. 아무리 자리를 바꾸어도 제자리에 있는 것처럼 느껴진다.

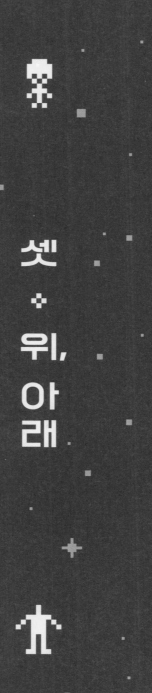

셋

위,
아래

12장

물체는 아래로 떨어지므로

"당신이 이야기한 것은 쓰레기예요. 세상은 진짜로 평평한 원판이고,
거대한 거북이가 이것을 받치고 있다고요."
그 과학자는 교만한 미소를 지으며 대답했다.
"그럼 그 거북이는 어디에 서 있지요?"
—스티븐 호킹, 『시간의 역사』(1988)

위와 아래는 어떻게 구별할까? 사전에서 '위'를 찾아보면,

"어떤 기준보다 더 높은 쪽. 또는 사물의 중간 부분보다 더
높은 쪽."

이라고 되어 있다. 가만히 생각해 보면, 위라는 개념을 이
해하려면 높다는 개념을 알아야 한다는 것을 알 수 있다.
그렇다면 '높다'는 무슨 뜻일까? 같은 사전을 찾아보면,

"아래에서 위까지의 길이가 길다."

라고 되어 있다. 높다는 개념을 이해하려면 '아래'와 '위'의
뜻을 미리 알아야 한다! 서로 뜻을 미루고 있는 것이다. 어
떤 사전에는 '위'를

   "높은 곳, 또는 하늘을 향하는 방향."

이라고 설명한다. '높다'나 '하늘'을 찾아보아도 개념이 꼬
리에 꼬리를 물고 돌고 있을 뿐, 이 단어들이 어떤 뜻을 지
니는지 말해주지 않는다.
   사전에 뜻이 제대로 나와 있지 않은 이유는, 사실 우리가
위라는 개념을 잘 설명할 수 없기 때문이다. 왼손과 오른손
을 구별할 때와 똑같은 문제가 생기는 것이다. 그럼에도 위
와 아래를 구별하는 것은 왼쪽과 오른쪽을 구별하는 것보
다 조금 더 쉽다. 나중에 왼쪽과 오른쪽을 구별하려면 위와
아래를 먼저 알아야 한다.
   우리가 위와 아래에 대해 알고 있는 것이 하나 있다. 우
리가 서 있는 방향과 관계가 있다는 것이다. 일어나기는 힘
들지만 앉기는 쉽다. 또 모든 물체는 가만히 놓으면 땅으로
떨어진다. 즉,

   모든 물체는 아래로 떨어진다.

우리도 예외가 아닌데, 다이빙하는 사람을 보면 사람도 똑같이 떨어지는 것을 알 수 있다. 땅 위에 서 있는 동안 땅 속으로 꺼지지 않는 것은 땅이 받치고 있기 때문이다. 따라서,

아래: 떨어지는 방향

으로 정할 수 있다. 한 방향을 결정하면 다 결정한 것이다. 왜냐하면,

위: 아래의 반대 방향

으로 정하면 되기 때문이다.

그렇다면 물체는 왜 아래로 떨어질까? 옛날 사람들은 이 세상이 천상의 세계와 지상의 세계로 나뉘어 있다고 생각했다. 해와 달 같은 천체는 천상에 속한 것으로, 완전한 구를 이루고 있으며 완전한 모양의 운동을 한다고 보았다. 이때 완전한 운동은 원운동이다. 반면 지상에 속한 것들은 불완전하기에 제자리를 찾아간다고 설명했다. 그 제자리는 땅이다. 들고 있던 책이나 펜을 놓으면 땅으로 떨어지는 이유가 제자리를 향해 가기 때문이라는 것이다. 그렇다면 이

들은 왜 아래가 완전한 방향이라고 믿었을까? 옛날 사람들은 무엇이 땅을 받치고 있어야 하는지 궁금해하지 않았고, 발밑에 땅이 있는 것을 당연하게 여겼다. 가장 아래에 땅이 있다면, 땅은 무엇이, 어떻게 받치고 있는 것일까?

13장

거꾸로 매달려 사는 사람들

아래로, 아래로, 아래로
—루이스 캐럴, 『이상한 나라의 앨리스』(1865)

물체가 떨어지는 방향이 아래라는 것을 알았다. 그러나 왜 아래로 떨어지는지는 아직 이야기하지 않았다. 옛날 사람들은 땅 아래 무엇이 있는지 궁금해도 알 방법이 없었다. 가장 확실한 것은 땅을 파고 더 아래로 내려가 보는 것이다. 그러면 세상의 바닥에 도착할 수 있을까?

지금까지 사람이 파고 들어갔던 가장 깊은 곳은 남아프리카 공화국의 트란스발에 있는 금광으로, 당시 3,777미터 깊이까지 팠다고 한다.[16] 남산 높이가 270미터니까 이보다 열 배도 더 깊게 내려간 것이다. 남산에서 서울 시내를 내려다본다고 하더라도 이 깊이를 상상할 수 없을 것이다. 사실, 깊이 파면 땅속이 너무 더워서 내려가기 힘들다.

　사람이 내려가지는 않았지만, 가장 깊게 판 곳은 러시아에 있다. 구소련 시절 콜라시에서 진행된 슈퍼딥 넘버 3^{the} Superdeep Number 3 프로젝트를 통해, 1만 2,261미터까지 팠다고 한다.

　이런 기술적인 문제를 무시하고 지금 이 자리에서 땅을 팔 수 있다면, 세상의 바닥에 이를 수 있을까? 아니면 무한히 깊을까? 지금 우리가 알고 있는 지식으로는 땅파기는 언젠가 끝나게 된다. 한국에서 땅을 파고 내려가면 우루과이 근처의 바다가 나온다. 땅을 아래로 파며 내려갔는데, 밖으로 나가보면 우루과이 사람들이 아래를 내려다보고 있다. 우리는 위를 향해서 나오게 된다! 어떻게 된 일인가?

　지구가 둥글기 때문이다.

우루과이에 있는 사람들은 우리가 볼 때 지구에 거꾸로 매달려 있다. 거꾸로 매달려 있는데 어떻게 사람들이 지구에서 떨어지지 않는다는 말인가?[17]

그러나 공은 어느 방향으로 돌려도 모양이 같다. 지구도 산과 골짜기, 바다를 무시하면 거의 공과 같다고 할 수 있다. 대칭을 이용하면, 한국 땅에 서 있으나 아르헨티나 땅에 서 있으나 상태가 같다. 모든 사람이 지구를 향해 끌려가는 것이다.

················· 참고 사이트 ·················

지금 여기에서 땅을 파고 들어가면 어디가 나올까?

셋. 위, 아래

14장

___

달도 땅에 떨어진다, 중력[18]

위로위로

—게임 〈라이즈 아웃 프롬 던전〉의 한국 이름

공을 가만히 놓으면 땅으로 떨어진다. 공을 옆으로(수평으로) 던지면 옆으로 가다가 떨어진다. 더 세게 던지면 더 멀리 가서 떨어진다. 아주 세게 던질 수 있다면? 땅이 무한히 평평하다면 크게 다르지 않을 텐데, 우리가 사는 땅은 공처럼 생겼다. 공 밖으로 물건을 던지면? 만약 이 우주에 바닥이 있다면 계속해서 떨어질 것이다.

실제로 인류는 물건을 이렇게 세게 던져보았다. 로켓을 쏘아 올리는 것인데, 하늘로 쏘는 것이 아니라 비스듬하게 날아가도록 한다. 로켓을 면밀히 관찰하면, 영원히 바닥으로 떨어지는 것이 아니라 지구로 끌려 온다.

물체는 우주의 바닥으로 떨어지는 것이 아니라 지구를 향해 떨어지는 것이다. 이를 그림으로 그려보면 다음과 같다.

물체(여기에서는 달)를 옆으로 던지면 떨어지지만, 지구가 둥글기 때문에 하늘에 계속 떠 있는 것처럼 보인다. 물체를 옆으로 던지면 떨어지기는 하지만, 지구가 둥글어 바닥에 닿지 못하는 것이다. 위 그림을 돌려보면 달의 위치가 처음과 완전히 똑같아지는데, 그 때문에 계속 떠 있는 것처럼 보인다.

따라서 달은 다시 오른쪽 아래로 떨어질 것이고, 이는 계속될 것이다. 이를 계속 진행시키면, 달은 지구 주위를 돌게 된다. 지구 주위를 도는 것은 땅에 떨어지는 것과 같다. 이 모든 것이 지구를 중심으로 이루어진다. 그렇다면 물체가 땅에 떨어지는 것은 지구 때문이다. 즉,

물체가 떨어지는 이유는 지구가 당기기 때문이다.

지구가 달을 당기기 때문에 달이 지구에 떨어지고, 이것이 지구 주변을 도는 운동이 되는 것이다.

뉴턴 이전에는 하늘과 땅이 서로 완전히 다른 세상이라고 믿었다. 하늘에서는 달이 원을 그리며 운동하고, 땅에서는 나무에 달렸던 사과가 직선으로 땅에 떨어지기 때문이다. 따라서 하늘과 땅이 서로 다른 자연 법칙에 따라 운행된다는 것이 당연해 보였다. 그러나 뉴턴은 모든 것이 둥근 행성의 중심을 향해 떨어진다는 것을 보였다. 즉, 달과 사과는 똑같은 방식으로 움직인다. 하늘과 땅의 구별이 없어진 것이다. 행성 중심을 향해 떨어지도록 만드는 힘이 중력이다. 중력에 관한 뉴턴의 이론은 천체의 운동과 지상의 운동을 통합한 최초의 통일 이론이다.

15장

위와 아래

위 아래 위 위 아래 위 아래 위 위 아래
위 아래 위 위 아래 up
위 아래 위 위 아래 위 아래 위 위 아래
위 아래 위 위 아래 down

—EXID, 〈위아래〉

중력을 통해 위와 아래를 구별할 수 있다. 모든 물체는 땅
으로 떨어지기 때문이다. 그러나 위와 아래는 진짜 있는 것
이 아니라, 지구가 평평하게 보일 때만 근사적으로만 맞는
개념이다. 모든 물체는 평평한 땅이 아니라 지구 중심 방향
으로 떨어진다.

질문: 아까 물체가 떨어지는 방향을 아래로 정하지 않았나.
그렇다면 지구에서 아래는 어디인가.
답: 위, 아래라는 개념은 지표면에서, 땅이 평평하게 보이는
동안만 유효한 개념이다.

086

지구가 둥글다는 것을 받아들이는 순간부터 질문 자체가 성립하지 않는다. 굳이 이야기하면,

아래라는 개념은 더 이상 없고, 지구의 중심만 있을 뿐이다.

모든 것은 지구 중심을 향해 떨어진다. 태양보다 훨씬 더 큰 거인은 지구인들이 왜 위와 아래라는 개념으로 고민하고 있는지 의아하게 생각할 것이다.

중력이 없으면 위, 아래가 중요하지 않다. 모두가 둥둥 떠서 어느 방향을 향해 있어도 크게 불편을 느끼지 않기 때문이다. 그러나 중력이 있을 때는 몸이 어느 방향을 향하고 있는지에 따라 느낌이 다르다.

중력을 온몸으로 분산해 받으면 몸이 가장 견디기 쉬운데, 누운 자세일 때가 그렇다. 눕지 않고 버티는 방법 중에는 꼿꼿이 서는 자세가 있다. 이때가 위, 아래에 대한 느낌을 가장 강렬하게 받을 때다. 발이 누르고 있는 곳에 아래가 있다. 가장 극단적인 느낌을 받을 때는 거꾸로 섰을 때다. 머리에 불꽃이 핑핑 돌고, 몸이 조금도 버티기 힘들다. 밥을 먹으면 밥이 내려가기나 할지, 소변을 보면 소변을 제대로 볼 수나 있는지 모르겠지만, 둘 다 가능하다고 한다.[19]

예부터 내려오는 이야기에는 바닥이 없는 굴(무저갱)이

등장한다. 게임을 좋아하는 독자라면 〈퀘이크Quake〉 게임을 알 것이다. 거기에서 대결을 하다가 무대 밖으로 떨어지면 비명과 함께 아래로 떨어진다. 그러나 아무것도 없는 우주 공간에는 나를 떨어지게 하는 것이, 별과 행성 이외에는 없다. 지구 근처에서는 지구만이 나를 당기는 것이다. (다른 별과 행성이 당기는 효과는 미미하다.)

16장

생물의 모양[20]

양은 그 오른편에 염소는 왼편에 두리라
—「마태복음」, 25장 33절

생물의 모양은 대칭을 통해 이해할 수 있다. 생물 모양의 대칭이 점점 깨지더라도 일부 대칭은 유지된다는 것도 이 장에서 자연스럽게 배울 것이다.

먼저, 무언가가 아무런 외부 영향도 없을 때 자연스럽게 갖추게 되는 모양은 공 모양이다. 10장에서 본 것처럼, 공 모양은 주어진 재료로 가장 넓은 공간을 만들 수도 있고 전체적으로 보았을 때 가장 튼튼한 모양이기도 하다. 참고로, 물고기들의 알이 완전한 공 모양이다.

반면, 지상에 사는 생물은 외부의 영향을 받는다. 바로 중력이다. 위와 아래의 구별이 생기며, 그에 따라 지상 생물은 구형 대칭을 유지할 수 없게 된다. 구에 점을 하나 찍거나 막대기를 꽂으면 구 대칭이 깨진다. 그러나 여전히 대칭이 어느 정도 남아 있다. 구에 찍힌 점과 구의 중심을 지나는 축을 그리면, 그 축에 대해 여전히 회전 대칭을 가진다. 평면 원과 같은 대칭을 가지는 것이다. 그런데 이를 통해 나무와 꽃의 모양을 설명할 수 있다.

물속에서 사는 동물은 중력의 영향을 덜 받는다. 물 안에 떠 있는 것은 하늘을 나는 것처럼 자유롭다. 따라서 물속 생물은 거의 구형 대칭을 유지하고 있다. 이런 생물은 움직여도 원 대칭을 가질 수 있다. 해파리가 대표적이다.

원에 점을 하나 찍으면 회전 대칭이 깨진다. 점을 찍기 전에는 원을 돌려도 모양이 변하지 않았는데, 그 위의 점은 돌아가기 때문에 돌아간 것을 알아챌 수 있다. 회전 대칭은 다 깨지지만, 점이 있어도 선대칭이 남는다. 원의 중심과 점을 이은 축에 대한 양방향 대칭이다.

원판 모양의 생물이 진화해 움직이기 시작한다면, 눈과 같은 감각기관이 있는 것이 유리하다. 보통 이동하려는 쪽에 눈이 위치하므로 몸의 앞뒤가 구별된다. 이 생물은 선대칭을 가지고 있다. 우리 주변에서 볼 수 있는 절대 다수의 동물들은 선대칭 모양이다. 팔다리가 대칭으로 붙어 있고, 하나만 있는 기관은 가운데에 위치한다. 그러나 이 대칭도 근사적이다. 꽃잎 모양을 같게 만들기 힘들기 때문에 대칭이 깨진 것과는 다르다. 예를 들어, 사람의 심장은 중심에서 조금 왼쪽으로 쏠려 있는데, 이는 사람 혈관이 나선형으로 자라는 것과 관계가 있다.

또 사람의 뇌는 좌뇌와 우뇌가 다른 기능을 한다. 그런데 그 기능이 임의적이지 않고, 대다수 사람들의 좌뇌와 우뇌

[그림 25] 나무 모양은 원형 대칭을 가지고 있다. 나무의 줄기를 축으로 돌려보아도 (거의) 같은 모양이다.

가 똑같은 기능을 가지고 있다. 다시 말해, 어떤 사람의 우뇌 기능이 다른 사람에게도 우뇌 기능이다. 어딘가에서 근본적으로 대칭이 깨지는데, 왜 이렇게 깨지는지는 아직 모른다.

우리는 다시 한번 대칭의 힘을 알 수 있는데, 생물의 설계도, 즉 DNA나 성장 과정을 모르는 상태에서도 대칭만으로 생물의 형태를 이해할 수 있기 때문이다.

17장

거꾸로 뒤집힌 세상

로꾸거 로꾸거 로꾸거
—슈퍼주니어-T, 〈로꾸거!!!〉

사람은 눈으로 본다. 사물에서 나온 빛이 눈으로 들어오면, 그 정보를 전기 신호로 바꾸어 뇌로 보낸다. 겉에서는 작아 보이지만, 눈은 얼굴 안쪽으로 상당히 큰 구조물을 숨기고 있다. 빛을 감지하는 시세포가 많이 필요하기 때문이다. 각 세포는 색깔 하나의 빛이 얼마나 밝게 오는지만 알 수 있기에, 상을 만들기 위해서는 많은 시세포가 필요하며 그만큼 큰 공간이 필요하다. 화소가 많을수록 정밀한 상을 얻는 디지털 카메라와 똑같다. 그러기 위해서는 넓게 펼쳐진 상에서 나온 빛을 작은 구멍으로 보내 다시 넓은 곳에 펼쳐야 하는데, 이렇게 빛을 휘게 해주는 것이 바로 렌즈다.

셋. 위, 아래

눈에는 볼록렌즈가 있다. 이를 통해 바깥의 거대한 세계가 작은 눈 속에 펼쳐진다. 그런데 볼록렌즈를 통해서는, 어느 정도 멀리 떨어진 상이 거꾸로 보인다. 위, 아래만 뒤집힌 것이 아니라 왼쪽, 오른쪽도 바뀐 것을 보게 된다. 앞서 논의한 것처럼, 두 번 뒤집힌 것은 돌아간 것과 같다. 따라서 우리가 보는 세상은 180도 돌아간 세상이다. 즉, 우리 눈은 세상을 거꾸로 보고 있는데 우리 뇌가 이를 착각하는 것이다. 팔을 들면 팔이 내려가고 동전을 떨어뜨리면 위로 올라간다. 동전이 위로 올라간다니!

질문: 동전이 하늘로 올라가고 있다는 말인가?
답변: 그렇지 않다. 동전은 땅바닥에 '떨어진다'. 다만, 땅바닥이 위에 있을 뿐이다.

그러나 우리는 팔을 들면 팔이 아래로 내려가는 것이 아니라 위로 올라가는 것을 '알고', '느낀다'. 눈을 감아도 이를 알 수 있다. 팔이 무겁기 때문이다. 그러나 망막에 맺히는 세상에서는 팔이 내려가고 있고, 내려가는 것이 더 힘들다. 중력이 위로 작용하기 때문이다.

한편, 우리가 태어날 때부터 '거꾸로' 보지 않고 '바로' 보

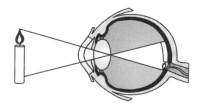

[그림 26] 눈의 구조. 세상에 대한 상은 볼록렌즈를 거쳐 망막에는 왼쪽과 오른쪽, 위와 아래가 뒤집힌 상이 생긴다. 우리는 세상을 거꾸로 보고 있는 것이다.

더라도, 즉 동전이 아래로 떨어지는 것이 아니라 위로 떨어지는 것으로 보더라도, 그 상황에 익숙해져 무엇이 이상한지 모르게 될 것이다. 예를 들어, 한 사람이 위아래가 뒤집힌 상을 보여주는 안경을 쓰고 평생을 살아가더라도, 그 상에 적응해 불편을 느끼지 않을 것이다. 그런 안경이 어떤 영향을 주는지는, 이미 19세기 말에 심리학자 조지 스트래튼George Stratton에 의해 실험되었다.

우리에게도 비슷한 경험이 있다. 휠 마우스를 사용해 본 사람이라면, 마우스 중간에 세로로 들어가는 휠(바퀴)을 돌려서 쉽게 스크롤 할 수 있었을 것이다. 최근까지도 표준적인 휠 마우스는 바퀴를 잡고 위에서 아래로 굴리면 문서가 위로 올라갔다. 그런데 아이패드와 같은 태블릿의 사용이 늘어나면서, 화면에 직접 손가락을 대고 문서를 위로 올리는 것이 익숙해졌다. 그러자 곧 '자연스러운' 스크롤 방향도, 손가락을 휠에 대고 위로 굴리면 문서도 위로 올라가야 하는 방향이 되었다. 휠 마우스의 두 기준은 정반대이지만, 휠 방향의 설정을 바꾸어 써보면 일주일도 되지 않아 익숙해진다.

광학현미경으로도 비슷한 경험을 할 수 있다. 현미경으로 물체를 확대해 보면, 물체가 슬라이드글라스에 놓인 모습과 눈에 보이는 모습은 그림 26에서처럼 서로 뒤집혀 있다. 현미경에서도 볼록렌즈를 사용하기 때문이다. 따라서 중심에서 벗어나 있는 상을 보고 싶다면, 슬라이드글라스를 눈에 보이는 상의 중앙으로 당기면 안 되고, 반대로 물체 쪽으로 당겨야 한다. 처음에는 이것에 익숙하지 않지만, 나중에는 익숙해진다.

이 글을 읽었으므로, 우리가 세상을 거꾸로 보며 살아가고 있다고 한번 상상해 보자. 처음에는 박쥐처럼 땅에 거꾸로 매달려 걸어가는 모습을 그리게 되며, 정신이 아찔할 것이다. 그러나 곧, 달라지는 것은 아무것도 없다는 것을 깨달을 것이다.

넷 ✦ 양과 음

18장

일상에서 느끼는
자연의 기본 힘

electrify
1. 전기로 일하게 만드는 것. 전류를 흐르게 하는 것.
2. 누군가가 무언가에 매우 흥분하고 열정을 갖게 되는 일.
—『옥스퍼드 영어 사전』

'전기' 하면 가장 먼저 떠오르는 것은 빛이다. 밝은 빛을 내는 백열전구는 20세기에 대중적으로 도입된 전기의 상징이었다. 밤을 몰아내고 낮과 다름없는 세상을 가져다주었다. 이제는 백열전구가 전력을 낭비한다고 LED에 의해 대체되고 있지만, 그 후로 전기에 대한 의존도가 점점 높아짐에 따라 지금은 우리 주변에 전기 없이 작동하는 물건이 없을 정도다.

과학 박물관에 가면 밴더그래프라는 반구 모양의 전기 장치가 있는데, 여기에 손을 대면 머리카락이 곤두서게 된다. 이것도 전기 때문이다. 전기는 힘을 가지고 있어서 물체를 움직인다. 또 '전기' 하면 번개나, 정전기 쇼크도 떠오를 것이다. 어떤 사람은 이것들로부터 전기의 진짜 매운맛을 보았을지도 모르겠다. 그러나 우리가 전형적으로 생각하는 이 현상들은 사실 전기에 대한 이야기의 반도 되지 않는다.

우리를 둘러싼 **모든** 일상적인 현상에 전기가 관여한다. 스카치테이프가 벽에 붙는 것도 전기의 힘 때문이다. 끈적끈적한 성질도 전기의 힘이 잘 작용할 조건을 만들어 주는 것뿐이다. 이 힘은 이 세상 **모든** 물체가 흘러내리지 않고 모양을 유지하는 데 관여한다. 또 전기가 없으면 우리는 모두 미끄러질 것이다. 마찰이 없기 때문이다. 아니, 아예 땅속으로 꺼질 것이다. 물체를 묶어주는 힘이 물체가 땅속으로 스며들지 않도록 유지해 주기 때문이다. 사실, 화학도 전기를 통해 이해할 수 있다.

19장

전기의 발견

차들은 오른쪽 길 사람들은 왼쪽 길

—윤석중 작사, 〈길 가는 노래〉

전기에 대한 가장 오래된 이야기는 고대 이집트 사람들로부터 전해진 것으로, 전기뱀장어처럼 동물이 주는 충격에 대한 것이다. 그러나 이런 동물은 단지 '만지면 아픈' 여러 가지 대상들 가운데 하나로 기술되었을 뿐이다. 우리가 찾을 수 있는 다른 오래된 기록에는, 전기를 본격적으로 발견한 사람이 고대 그리스의 탈레스Chales라고 말한다.

탈레스는 송진이 굳은 보석, 호박amber에 천을 문지르면 머리카락이나 실오라기 같은 작은 물체들이 달라붙는 것을 발견했는데, 나중에 영국의 물리학자 윌리엄 길버트William Gilbert는 이 현상을 가리켜 'electricity'라고 이름을 붙였다. 호박을 뜻하는 라틴어가 'electricus'이기 때문이다.

원래 호박에는 아무 일도 일어나지 않았는데 천을 문지르자 다른 물체가 달라붙는다면, 문지르는 것으로 인해 호박이 끌어당기는 능력을 얻었다고 할 수 있다. 문지르는 것이 어떤 일을 일으키는 것일까? 근본적인 이유를 이해하는 것은 뒤로 미루고, 이 현상만으로 알 수 있는 것을 먼저 생각해 보자. 문지른 호박과 천 조각을 여러 개 준비해, 이것들을 가까이 가져가 보면 다음과 같은 결과를 얻는다.

1. 호박과 호박은 밀어낸다.
2. 호박과 천 조각은 당긴다.
3. 천 조각과 천 조각은 밀어낸다.

즉, 전기 현상은 끌어당기기만 하는 것이 아니다. 밀기도 한다. 그렇다면 언제 밀고 언제 당길까? 같은 물질을 같은 방법으로 준비했으므로, 여러 호박들은 같은 전기적 성질을 띨 것이다. 여러 천 조각들도 마찬가지다. 따라서 같은 물체끼리는 밀어내고 다른 물체끼리는 당긴다고 조심스럽게 가정할 수 있다. 천과 천은 같은 것이므로 밀어낸다. 호박과 천은 다르니까 당긴다.

처음 가정: 같은 물건들끼리는 밀어내고, 다른 물건들끼리는 당긴다.

이 가정이 틀렸다는 것을 다음 장에서 볼 것이다.

20장

전하, 전기를 짊어지다

우리는 무엇 때문에 이런 순서가 생기는지 모른다.

—스티븐 와인버그, 『아원자 입자의 발견』(1983)

앞 장에서 물체들을 문질러서 생기는 전기에 대해 알아보았다. 그 후로 사람들이 이것저것 많은 물체들을 문질러 보고 알게 된 것이 있다. **같은 물체라도 무엇으로 문지르는지에 따라 성질이 달라질 수 있다는 것이다.**

예를 들어, 상아를 털가죽으로 문지르면 털가죽과 상아가 서로 당긴다. 앞서 털가죽으로 호박을 문지를 때와 같은 일이 일어나는 것이다. 상아를 비단(명주로 만든 천, 실크)으로 문질러 보아도, 비단과 상아는 서로 끌어당긴다. 상아와 털가죽을 문지를 때와 같다.

그런데,

비단으로 문지른 **상아**는 털가죽으로 문지른 **상아**를 **끌어당긴다**.

앞 장에서 잘못 내린 결론처럼, 같은 물질이라고 늘 밀어내는 것이 아닌 셈이다. 즉,

전기는 물질의 고유한 성질이 아니다.

어떻게 문지르는지에 따라 같은 물질끼리도 끌어당길 수도 있다. 따라서 처음 가정을 버리고, 밀고 당기는 전기 현상을 다시 생각해 봐야 한다.

두 물체는 서로 문지를 때 전기를 띠게 되었다. 이때 물체 자체가 무엇을 당기거나 밀게 된 것이 아니라, 물체에 당기거나 미는 능력이 새로이 들어갔다고 보아야 한다. 이렇게 전기힘electric force 또는 전기력을 일으키는 무언가를 '전하electric charge'라고 한다. 전기힘을 짊어진다는 옛 사람들의 표현이다. 그렇다면 앞 장의 결론을 바꾸어, 다음과 같은 결론을 내릴 수 있다.

결론: 같은 전하를 띠는 물체들은 서로 **밀어내고, 다른 전하**를 띠는 물제들은 서로 **당긴다**.

지금은 천 조각에 들어 있는 전하를 '양전하positive charge' 또는 '플러스 전하'라고 하고, 호박에 들어 있는 전하를 '음전하negative charge' 또는 '마이너스 전하'라고 부른다. 이렇게 '플러스, (+)'와 '마이너스, (−)'라는 이름과 기호는 프랑스의 뒤페이Charles du Fey와 미국의 프랭클린Benjamin Franklin이 쓰기 시작했다.

사실, 전하를 어떻게 부르는지는 중요하지 않다. 천 조각에 들어 있는 전하를 'A 전하', 호박에 들어 있는 전하를 'B 전하'라고 불러도 된다. 그래도 같은 전하끼리는 밀고, 다른 전하끼리는 당긴다는 것은 변함없다. 인류가 역사적인 이유로, 어느 순간 지금과 같이 부르기 시작한 것뿐이다.

많은 시도를 통해, 사람들은 이 상대적인 관계에 규칙이 있다는 것을 알게 되었다. 서로 문질렀을 때, (+)로 잘 대전되는 것이 있는 반면, (−)로 잘 대전되는 것이 있었던 것이다. 그러나 앞서 상아의 예에서 보았듯이, 이 성질은 상대적이다. 그럼에도 두 경우 모두 털가죽은 (+)로, 명주는 (−)로 대전된다. 즉, 이 사물들에 순서를 매길 수 있다.[2]

털가죽　　상아　　유리　　명주　　나무　　고무　　플라스틱　　유황　　에보나이트

이 행렬의 왼쪽에 있는 물체일수록, 문질렀을 때 (+)로 대전된다. 이를 '대전되는 순서 행렬' 또는 간단히 '대전열 triboelectric series'이라고 한다.

뒤페이와 프랭클린의 방식이 널리 쓰이게 된 이유는, 이러한 전하의 크기뿐만 아니라 밀고 당김까지 한꺼번에 나타낼 수 있기 때문이다. 이 방식은 부호가 있는 곱셈의 성질을 따른다.[22]

$$(+1) \times (+1) = (+1)$$
$$(+1) \times (-1) = (-1)$$
$$(-1) \times (+1) = (-1)$$
$$(-1) \times (-1) = (+1)$$

같은 부호끼리는 (+)를 주고 다른 부호끼리는 (−)를 주는 것이다. 결과인 우변이 양수가 되면 밀어낸다고 할 수 있으므로 편리하다. 이 관계도, 이 세상 모든 양전하를 이 세상 모든 음전하와 바꾸어도 변하지 않는다. 한편, 전하가 많을수록 물체는 서로 세게 밀고 당긴다. 호박 두 개를 천 조각에 가져가 보면, 한 개일 때보다 훨씬 더 세게 당기는 것을 알 수 있다. 전하는 같거나 다른지가 중요할 뿐 아니라, 얼마나 많이 있는지도 중요한 것이다. 따라서 크기에

부호를 붙이면,

$$(+2) \times (+3) = 6$$
$$(-2) \times (-3) = 6$$
$$(-2) \times (+3) = (-6)$$

처럼 세기와 밀고 당기는 여부를 한꺼번에 나타낼 수 있다. 사실, 과학에서 무언가 편리한 것이 있으면 이유가 있다. 뒤페이와 프랭클린의 방식도, 전하가 멀리 있을수록 거리의 제곱에 비례해 당기는 힘이 약해진다는 쿨롱의 법칙Coulomb's law과 관련 있다.

21장

전류, 전기의 흐름

전기를 정의할 수는 없다. 예술도 마찬가지다.
이는 인간 내면의 흐름 같은 것인데, 정의할 필요가 없는 것이다.

—마르셀 뒤샹(현대미술가)

호박을 다시 털가죽으로 문질러 보자. 그러면 전하의 분리가 일어나고, 호박과 털가죽은 전기를 띠게 된다. 이를 전선과 전구에 연결하면, 그림 27처럼 잠깐이나마 전구에 불이 켜진다. 이로부터 전기는 전구에 불을 켜는 능력이 있다는 것을 알 수 있다.

호박과 털가죽을 계속 문질러 다시 전선을 잇지 않고도, 전기를 계속 공급해 주는 방법이 있다. 바로 건전지를 연결하는 것이다. 건전지는 화학물질을 분리해 이들이 조금씩만 이동하도록 만들어진 것으로, 호박과 털가죽이 하는 일을 오랫동안 일어나게 해준다. 이러한 전하의 흐름을 '전

셋. 위, 아래

류electric current'라고 한다. 무언가가 흐른다는 느낌을 주는 이름이다. (사실, 전류가 흐르는 모습은 직접 볼 수 없고, 영원히 볼 수 없을 것이다. 그렇다고 하더라도 전류의 많은 성질은 흐르는 물의 성질과 비슷하다.)

[그림 27] 호박과 털가죽을 비벼 전기를 띠게 한 다음 전구를 연결하면, 전구에 잠깐 불이 켜진다.

[그림 28] 전지는 전하를 공급하고 빨아들이는 장치다.

그렇다면 전류는 어느 방향으로 흐를까? 앞 장에서 약속했던 것처럼, 털가죽 쪽의 전하를 (+)라고, 호박 쪽의 전하

를 (-)라고 하자. 이 관습은 전지에도 통용되어, 그림 28의
건전지에서 튀어나온 부분이 (+)극, 반대 부분이 (-)극이
다. 그렇다면 전류가 어느 방향으로 흐르는지에 관한 물음
은, 건전지 바깥에 있는 전기의 흐름이 어디에서 어디로 이
동하는지를 묻는 것이 된다.

이를 확인할 수 있는 실험이 있다. 전지에 전구를 여러
개 연결해, 전구가 어떤 순서대로 켜지는지를 보는 것이
다.[23] 여러 개의 전구들을 그림 29처럼 직렬로, 손에 손잡듯
이어 연결한다. 그러면,

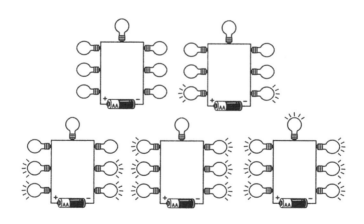

[그림 29] 전류가 흐르는 방향을 보여주는 실험. 전지에 가까운 등부터 켜지는데, 한 방
향이 아니라 양방향 대칭으로 켜진다.

셋. 위, 아래

(+)극에 가까이 있는 전구가 먼저 켜졌지만, (-)극에 가까이 있는 전구도 동시에 켜졌다! 무언가 반대 방향으로도 흐른다는 것이다. 사실, 전기가 한 방향으로만 흐른다면 그림 29에서 한쪽 전구들부터 켜질 텐데, **그렇지 않다.**

어떤 전하가 건전지의 (+)극에서 나와서 전선을 흐른다고 해보자. 그렇다면 (+)극에 가까이 있는 전구에 먼저 불이 켜질 것이다. 그러나 전하가 건전지의 (+)극에서 나와 전선을 흐른다면, 건전지에는 (+)가 비게 되고 반대 방향으로는 같은 전하를 빨아들이게 될 것이다. 그런데 그 효과는 건전지 바로 오른쪽에 있는 불이 동시에 켜지는 것이다. 다시 말해, 이 실험으로는 전류가 어느 방향으로 흐르는지 알 수 없다. 즉,

지금까지 배운 모든 것을 동원해 실험해도, 전류가 어느 방향으로 흐르는지 알 수 없다.

아쉽게도, 전류라는 개념을 처음 정의할 때만 하더라도 '전기를 흐르게 만드는 것'이 무엇인지가 밝혀지지 않았다. 모르는 상태에서 그렇게 약속했을 뿐이다.

약속: 전류는 건전지의 (+)극에서 나와 (-)극으로 들어가는

방향으로 흐른다고 **약속하자**. (건전지 안쪽에서는 건전지의 (−)으로 들어와서 (+)극 쪽으로 나가야 한다.)

이렇게 약속해도 되는가? 무엇이 전하를 나르는지 아는 사람이 전혀 없다면, 마음대로 약속해도 괜찮다. 확인할 방법이 없기 때문이다. 특히 앞선 실험에서, 전류가 어떤 방향으로 일어난다 해도 (+)극 쪽에서 일어나는 일은 (−)극 쪽에서도 똑같이 일어난다. 따라서 '전류는 건전지의 (−)극에서 나와 (+)극으로 들어간다'라고 반대로 정의해도 실제로 일어나는 일은 바뀌지 않는다. 즉,

지금까지 이 책에서 이야기한 **모든 (+)와 (−)를 바꾸어도** 이 책의 내용에는 **변함이 없다!**

부르는 이름보다 중요한 것은, 눈으로 확인할 수 있는 사실이다. 실제로 움직이는 것을 발견한다면 함부로 정의할 수 없다. 그러나 지금까지 배운 모든 정보를 모아도, 우리는 전선 안에서 실제로 무엇이 어떻게 움직이는지 모른다. 우리가 아는 확실한 사실은,

1. 같은 극은 서로 밀어내고 다른 극은 서로 당기며,

2. 전기를 띤 물체를 전구에 연결하면 불이 켜진다

는 것이다. 믿어지지 않는다면 책을 다시 읽으면서, '(+)'라
는 말 대신 'A', '(−)'라는 말 대신 'B'라고 바꾸어 보자. 털가
죽과 호박을 문지르면 털가죽은 A 전하를 띠고 호박은 B
전하를 띤다. A 전하와 A 전하는 여전히 밀어내고, 전류는
A에서 B로 흐른다. 심지어는 '(+)'라는 말 대신 '(−)', '(−)'라
는 말 대신 '(+)'을 써도 바뀌는 것은 없다. 약속을 바꾼다는
것은 이름을 바꾸는 것에 불과하다. 이름은 상관없다.

22장

전자의 흐름과 전류

전자가 아무에게도 쓸모가 없기를![24]
—조지프 존 톰슨(1906년 노벨 물리학상 수상자)

앞 장에서 전기가 흐르는 방향을 정했다. 그러나 전하가 어떻게 움직이는지는 정작 이야기하지 못했고, 단지 약속만 했다. 비단으로 상아를 문지르는 예를 다시 살펴보자. 처음에는 둘 다 전하를 띠지 않았는데, 문지른 다음에 상아가 (+), 비단이 (−)로 대전된다.

전하의 본질은 무엇일까? 상식적인 설명은, 보이지 않는 어떤 것이 전하를 띠고 있는데,[25] 둘을 문지르는 동안 다른 곳으로 옮겨 간다는 것이다. 처음에는 서로 밀거나 당기지 않으니, 전하의 총량은 0이라고 하는 것이 좋겠다. 이를 설명하는 방법은 두 가지다.

1. (+)전하를 띤 무언가가 비단에서 상아로 옮겨 갔다. 상아에는 (+)전하가 초과되었고, 비단에는 (+)전하가 부족하다.
2. (−)전하를 띤 무언가가 상아에서 비단으로 옮겨 갔다. 상아에는 (−)전하가 부족하고, 비단에는 (−)전하가 초과되었다.

물체가 띤 전하는 수로 나타낼 수 있다. 여기에서 음전하(−1)이 되는 방법에는 두 가지가 있다.

(−1)을 더한다: $0 + (−1) = −1$
(+1)을 뺀다: $0 − (+1) = −1$

이 둘의 결과는 같다. 그리고 이를 움직이는 전하, 즉 전류에 대해서도 확장할 수 있다.

(+)전하가 오른쪽으로 흐르는 전류는 (−)전하가 왼쪽으로 흐르는 전류와 같다.

(+)와 (−)는 단지 서로 **다른 극**일 뿐이었다. 톰슨Joseph John Chomson이 전자를 발견한 1897년 이전까지는. 그 이후로는, 전선에서 전류가 흐르는 이유가 전자 때문이라는 것을 알게 되었다. 이해를 돕기 위해, 그림 30을 보자.

[그림 30] 전기의 흐름을 설명하는 그림. 도선은 큰 동그라미로 나타낸 금속 원자들의 규칙적인 배열로 이루어졌고, 그 사이를 작은 동그라미로 그린 전자가 흘러간다. 이 그림은 이해를 돕지만, 오해를 불러일으키기도 한다.

대다수 과학 책들에 실린 그림은 일종의 만화다. 만화는 실제를 온전히 담은 것이 아니라, 중요한 것만 살리고 세부적인 것은 틀리게 그린 것임에 주의하자.[26] 예를 들어, 그림 30에서는 전선 안의 모습을 큰 알갱이들과 작은 알갱이들의 모임으로 나타냈다. 큰 알갱이들은 전선을 이루는 구리 원자들이고, 작은 알갱이들은 구리 원자의 가장 바깥쪽에 있어서 자유롭게 옆의 원자들에 붙을 수 있는 전자들이다. 전지를 연결하기 전에는 모두가 가만히 있지만, 전지를 연결하고 나면 작은 알갱이가 왼쪽으로 이동한다. 그림 전체를 볼 때는 반시계 방향으로 이동한다.

앞서 (+)극과 (−)극의 이름을 바꾸어도, 그 밖의 모든 것은 바뀌지 않음을 보았다. 이 그림은 어떻게 바뀔까? (+)극과 (−)극을 바꾸었으니, 이번에는 전자가 반대로, 시계 방향으로 움직일까? 그러나 지금 한 일은 단지 전기 극의 이름만 바꾼 것이다. 여전히

전자는 **반시계방향**으로 이동한다.

우리가 어떻게 부르든

전자는 둘 중 **하나의 극성**을 띤다.

건전지 밖에서는, 전지의 (−)극에서 (+)극으로 전자가 이동한다. 같은 극의 전하는 밀어내고 다른 극끼리는 당긴다는 것을 기억하자. 이 **약속**에 따르면, 전자가 (−)전하를 띠기 때문이다. 다르게 말하면,

전자의 전하를 **(−)전하**로 **정의**할 수 있다.

따라서, 전기의 전하를 어떻게 정의하는지 모르는 외계인도 전자를 관찰할 수 있다면 전자의 전하와 전기 극성을 비교할 수 있다. 똑같은 말을 다음처럼 바꾸어 말할 수 있다.

(+)전하는 전자 전하의 반대로 정의한다.

지금은 많은 이들이 전자의 행동을 잘 이해하고 있어서, 전류가 아닌 전자를 직접 활용하는 도구도 만들 수 있다. 이것이 반도체다. 예를 들어, 발광 다이오드는 전류가 흐르면 빛이 나는 기구다. 다이오드는 전류가 한 방향으로만 흐르도록 해주는 장치인데, (-)전하를 가진 전자의 운동에 직접 반응한다.

전통적인 전하와 전류의 약속에 따르면, 전류의 방향은 전자가 움직이는 방향의 반대 방향이다. 전류의 본질이 전자의 흐름이라면, 전기는 한 방향으로만 흐른다.

질문: 그렇다면 앞 장의 실험에서 왜 전구가 한쪽 방향으로 돌아가면서 켜지지 않고 양쪽 방향으로 켜진 것일까?

답변: 전자를 (+)극에서 당겨서 들어오게 하면, 동시에 (-)극에서는 밀어낸다. 따라서 앞 장의 그림에서 전지에 가까이 있는 전구일수록 일찍 켜지는 것이다.[27]

다시 20장의 대전열 문제로 돌아가 보자. 이제 과학자들은 두 물체를 문지를 때 대전되는 이유가, 전자가 한 물체에서 다른 물체로 이동하기 때문이라는 것을 안다. 음전하

셋. 위, 아래

로 대전되었다면 전자가 원래보다 더 많아졌다는 것이고, 양전하로 대전되었다면 원래 가지고 있던 전자를 빼앗겼다는 것이다. 두 물체를 같은 조건에서 같은 방법으로 닿게 했는데, 왜 전자가 한 방향으로 이동할까?

지난 몇십 년 동안 물리학을 주도한 스티븐 와인버그Steven Weinberg는 『아원자 입자의 발견The Discovery of Subatomic Particles』에서 이러한 순서가 발생한다는 것은 알고 있지만, 왜 그런지 설명할 수 없다고 했다. 이 말을 처음 읽었을 때 글쓴이는 강렬한 인상을 받았고, 아직도 그 인상이 남아 있다. 과학을 잘 모르는 우리 반 갑돌이가 이런 말을 했으면 공부를 못해서 모른다고 생각했을 것이다. 그런데 세상에서 과학을 가장 잘 아는 사람이 모른다고 단언한다면, 인류 전체가 아직도 왜 그런지 모른다는 것이나 다름없었다. 아니, 그걸 아직도 몰라? 인류는 이렇게 별것 아닌 것도 모르고 있었구나 하는 놀라움으로 이어졌다.

대전되는 순서는 우연이 아니고, 언제나 같은 순서로 나타난다. 이것은 물질이 전자를 담고 있는 구조에 어떤 차이가 있기 때문일 것이다. 그러나 인류는 그 차이를 아직 제대로 알지 못한다.

23장

자석의 두 극

탈레스도, 기록된 그의 생각을 보면, 영혼이 어떤 의미에서
운동의 원인이라고 생각한 것으로 보이는데, 그는 돌(자석)이
영혼을 가지고 있기 때문에 철을 끌어당긴다고 했기 때문이다.
—아리스토텔레스, 『영혼에 관하여』(기원전 350년경)

우리는 전기보다 자기에 더 익숙하다. 어릴 적부터 자석을
가지고 놀았기 때문이다. 자석은 정말 신기한 장난감이다.
자석 두 개를 같은 극끼리 붙여보자. 알 수 없는 말랑말랑
한 힘 때문에 이 둘을 붙이기는 굉장히 힘들다. 전기도 똑
같이 행동하지만, 전기를 띤 물체를 이런 식으로 가지고 놀
았던 사람은 없을 것이다.

자석은 쇠붙이도 붙인다. 두꺼운 종이 위에 쇠붙이로 만
든 자동차를 놓고, 종이 밑에서 자석을 움직이면 자동차가
움직인다. 종이로 막혀 있음에도 불구하고 자석이 당기는
힘이 전달되기 때문이다.

자석과 자석은 힘을 주고받는다. 자석 두 개를 가지고 놀다 보면, 서로 당기다가도 어느 하나를 뒤집으면 서로 밀어낸다는 것을 알 수 있다. 그런데 다른 쪽 자석을 다시 뒤집으면, 서로 또 당긴다. 이로써 자석이 두 극을 가지고 있다는 것을 알 수 있다. (이 점은 전기와 비슷하다.)

이를 흔히 'N극'과 'S극'이라고 부른다. 이러한 이름이 붙은 이유는 무엇일까? 자석을 물 위에 띄워놓거나 실에 매달아 자유롭게 움직이도록 하면,

자석의 N극은 지구 북극을 가리킨다.

이를 이용한 것이 나침반이다. 나침반은 자석을 자유롭게 움직이도록 가늘게 만들어 통 안에 넣어놓은 것이다. 자석이 가리키는 방향을 따라가면, 우리는 북쪽으로 가게 된다. 이러한 이유로 일반적으로 자석에는 북쪽을 가리키는

자석 끝에 영어 단어 'north'의 약자인 'N'을 써놓고, 그 반대
쪽은 남쪽을 가리키므로 'south'의 약자인 'S'를 써놓는다.

자석이 한 방향을 가리키는 성질은 예전부터 알려져 있
었다. 기원전 6세기쯤 탈레스가 자성을 띠는 '돌'에 대해 이
야기했다는 기록이 있다. 중국의 전국시대 정치가 귀곡자
鬼谷子도 기원전 4세기에 자석에 대한 기록을 남겼다. 당시
에는 남쪽을 가리키는 쇠붙이라는 뜻으로 자석을 '지남철'
이라고 불렀다. 전쟁에서 이기고 지는 것이 자석에 달려 있
었으므로, 옛날에는 지도와 함께 군사 기밀이었다.

그렇다면 자석의 N극이 지구 북극을 가리키는 이유는
무엇일까?

지구가 하나의 거대한 자석

이기 때문이다. 지구는 둥근 모양이기는 하지만, 분명한 북
극이 점처럼 존재해 이를 '자석의 북극점'이라고 한다. 자석
의 북극점에 자석을 가져가면 아래를 가리킨다.[28] 이를 확
인하는 데는, 자석이 시계처럼 평면만을 도는 것이 아니라
평면 자체가 돌아갈 수 있는 나침반인 경사 자기계inclinometer
를 사용한다.[29]

지구가 거대한 자석이라면, 지구의 북극은 자석의 N극

일까 S극일까? 앞서 자석은 같은 극끼리는 밀어내고 다른 극끼리 당긴다고 했다. 따라서 N극을 당기는 것은 S극이다. 지구의 북극은 S극을 띠고 있다. 이를 혼동하지 않기 위해, 지구의 북극과 자석의 N극을 구별해 부르겠다.

그렇다면 우리는 자석의 극을 이해하고 있을까? 그렇지 않다. 이집트 왕의 오른손과 비교하듯, 지구라는 거대한 자석과 비교하면서 N, S극을 약속하고 있을 뿐이다.

전기와 비슷한 점은 또 있다. 거리가 가까울수록 밀고 당기는 힘이 더 세진다는 것이다. 정밀한 측정을 통해, 이 거리와 힘의 세기가 전기힘과 거의 비슷하다는 것을 알아냈다. 두 배 멀어지면 네 배 줄어드는 거꿀제곱 힘인 것이다.

24장

힘과 마당

> "포스가 당신과 함께하기를May the force be with you."
> ―영화 〈스타워즈〉

두 개의 자석은 떨어져 있어도 서로 힘을 미친다. 곰곰이 생각해 보면, 신기하지 않을 수 없다. 어떻게 건드리지 않고 힘을 미칠 수 있을까? 장풍이나 마법 같은 것이 과학의 한가운데 있는 것이다. 장풍은 손에서 나가는 바람으로, 무협 영화에 가끔 나온다. 사실, 장풍으로 촛불이 꺼진다면 휘저은 손에서 나온 바람이 촛불에 닿아 꺼진 것이다. 인과관계에 따라, 손이 공기를 밀고 밀려나온 공기는 다시 촛불을 밀어낸다. 손, 공기 그리고 촛불은 서로 부딪친다. 그러나 〈스타워즈Star Wars〉에 나오는 다스 베이더의 초능력은, 아무런 접촉 없이 사람을 공중으로 집어던진다. 다스 베이더

셋. 위, 아래

자신 말고는 '객관적으로' 어떤 것이 작용해 사람을 붙드는
지 알아낼 수 없다. 이렇게 닿지 않고 힘을 일으키는 것을
'원격 작용action-at-a-distance'이라고 한다.[30]

자석과 자석이 밀고 당기는 것에도 원격 작용이 일어나
는 것일까? 사람들은 **원인과 결과**를 따라 생각하면서, 물체
들이 서로 **직접 부딪쳐** 밀고 당길 때만 힘이 작용한다고 인
정한다. 그런데 두 자석 사이에는 그런 것이 보이지 않는다.

이를 해결하기 위해, 과학자들은 보이지는 않지만 자석
주변에 장field 또는 마당이 펼쳐지고, 마당이 힘을 실어 나
르면서 힘이 퍼져나간다고 상정했다. 자석의 힘 또는 자기
힘magnetic force을 전달하는 마당을 '자기장magnetic field' 또는 '자
기마당', 전기힘을 전달하는 마당을 '전기장electric field' 또는
'전기마당'이라고 부른다. 따라서 힘은 다음과 같은 도식처
럼 접촉에 의해 전달된다.

자석에서 → 자기마당이 퍼져나가 → 다른 자석을 만나 힘
이 전달된다.

마당은 사람들이 필요에 따라 있어야만 한다고 생각한
것뿐이다. 자기마당이 무엇인지를 이야기하기 전에, 자기
마당의 방향과 세기부터 생각해 보자. 자석 주위에 쇳가루

를 뿌려놓으면, 쇳가루가 임시 자석이 되어 재배열된다. 이
를 통해 힘이 어떤 길을 지나가는지, 얼마나 센지를 알 수
있다.

[그림 31] 자석 주변에 쇳가루를 뿌려놓으면 자석의 힘이 미치는 방향을 알 수 있다. 이것
이 자기마당의 모양과 같다.

자석이 가까울수록 힘이 크고, 힘이 클수록 더 많은 쇳
가루들이 모인다. 또 쇳가루가 일정한 방향으로 배열된다
는 것을 알 수 있는데, 이 선은 한 극에서 나가서 다른 극으
로 들어가는 닫힌 곡선을 만든다. 더 작은 쇳가루들을 뿌려
놓을수록, 곡선은 더 정밀해지고 더 매끄럽게 이어진다. 이
곡선을 따라 전기마당이 퍼져나간다.

자석은 두 극을 분리할 수 없지만, 전하는 그림 32처럼
하나씩 떨어뜨릴 수 있다. 양전하에서는 전기마당이 대칭
을 이루며 나오는데, 이는 화살표의 방향으로 알 수 있다.
음전하에서는, 전기마당이 전하 쪽으로 들어간다. 이 둘을

가까이 가져가면, (+)극과 (−)극이 모여 있는 모양이 마치 자석의 N극과 S극이 모여 있는 것처럼 된다.

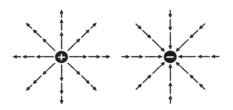

[그림 32] 점처럼 생긴 전하가 놓여 있을 때의 전기마당. 양전하에서는 나가는 것으로, 음전하에서는 들어오는 것으로 정의한다. 전하에서 거리가 멀수록 전기마당의 세기가 줄어든다. 이는 화살표의 길이로 나타낸다.

그러나 불만이 있다. 뿌려진 쇳가루가 자기마당의 존재를 **증명**하지는 않기 때문이다. 쇳가루 하나를 생각해 보면, 멀리 떨어진 자석이 자기마당을 통해 힘을 전달하지 않고 원격으로 힘을 전달해도 쇳가루는 똑같이 행동할 것이다. 그 중간 단계가 있다는 것을 직접 볼 수는 없는 것이다. 따라서 자기마당이든 보이지 않는 무엇이든 자석 힘을 **직접** 전달하는데, 그것이 무한히 빠르지 않고 유한한 속력을 가지고 힘을 전달한다는 것을 보여야 한다. 힘을 전달하는 것이 무엇인지는 모르지만, 그것이 일으키는 일은 다음을 통해 알 수 있다. 실제로 실험을 할 수는 없지만, 지금까지 알려진 모든 지식을 동원해 다음과 같은 생각 실험을 할 수 있다. 아주 작은 나침반을 여러 개 늘어놓자. 나침반의 바늘은 자석이다.

[그림 33] 자석의 힘이 멀리에서 접촉 없이, 즉시 전달되는지를 확인하기 위해, 가벼운 자석 여러 개를 늘어놓았다.

이제, 왼쪽에 자석을 가져가면 모든 바늘이 한꺼번에 돌아가지 않고, 왼쪽에 있는 자석부터 돌아간다. (우리 눈에는 순서대로 돌아가는 것처럼 보이지 않고 한꺼번에 돌아가는 것처럼 보이는데, 이는 바늘들이 돌아가는 시간 차가 너무 적어서 그럴 뿐이다.)

[그림 34] 자석을 가져가면, 자석이 있는 곳으로부터 나침반을 향해 보이지 않는 무언가가 퍼져나가며, 가까이 있는 바늘부터 돌아간다.

이는 자석의 힘이 자석이 있는 왼쪽으로부터 나와서 오른쪽으로 전달된다는 것이다. 힘이 퍼지는 속력은 1초에

약 30만 킬로미터를 날아갈 정도로 아주 빠르다. 전자기학
은 인위적으로 보이는 이 자기마당의 실체가 무엇인지를
밝혀내는데, 이는 34장에서 밝혀진다.

25장

──

한 극만 있는 자석도 있을까

셸던: 먼저 보통의 자석을 생각해 볼게요.
가장 무식한 시청자들도 아시다시피, 자석에는 북극과 남극이 있습니다.
그것을 둘로 나누면 두 개의 작은 자석이 되는데,
이것들에도 모두 북극과 남극이 있습니다.
—〈빅뱅 이론〉, 시즌 3

전기의 경우, (+)극만을 띤 물체나 (−)극만을 띤 물체가 있었다. 자석의 경우도 마찬가지로 N극만을 띤 물체나 S극만을 띤 물체를 볼 수 있을까?

[그림 35] 자석의 N극 또는 S극만 띤 물체도 있을까?

자석을 반으로 잘라 둘로 분리할 수 있을 것만 같다. 실제로 자석을 자를 수 있는데, 이때 만약 N극과 S극이 분리되었다면 분리된 두 조각을 가까이 가져가 보면 서로 붙어

셋. 위, 아래

야 할 것이다. 그러나 그렇지 않다. 방향에 따라 밀어내기도 한다. 다시 말해, 자석을 잘라도 N극, S극은 서로 분리되지 않는다. 그림 36에서처럼, N극, S극이 모두 있는 작은 자석이 될 뿐이다. 그래도 모순은 없다. 자석 두 개를 붙이면 언제나 더 큰 자석이 되므로, 원래 자석을 설명할 수 있다.

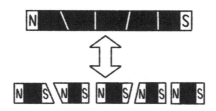

[그림 36] 자석을 아무리 쪼개도 자석이 된다.

다른 방법으로 분리된 N극과 S극을 얻을 수는 없을까? 이 분리된 자석을 '자기 홀극magnetic monopole'이라고 한다. 분리된 자석, 즉 자기 홀극은 아직까지 발견된 적이 없다. 자기 홀극이 있는가 하는 문제는 이 세상에 자기가 완전히 따로 존재하는가 하는 물음과 다르지 않다. 그렇지 않다면, 자석은 모두 유도된 것이다.

다섯 ◆ 전기와 자기의 통합

26장

―

외르스테드의 발견

"위, 위, 아래, 아래, 왼쪽, 오른쪽, 왼쪽, 오른쪽, B, A."

―비디오게임 〈메탈 기어〉

본격적인 이야기는 덴마크의 자연철학자 한스 크리스티안 외르스테드Hans Christian Ørsted의 발견에서 시작된다.[31] 그는 1820년에 놀라운 발견을 했다.[32] 전선에 전류를 흘리면, 그 주변에 있던 나침반이 북극을 가리키지 않고 돌아간다는 것이었다.[33]

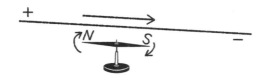

[그림 37] 외르스테드의 발견. 전류가 흐르는 전류 주변에서 자석이 움직인다.

자석을 움직이는 것은 자석 또는 자석에서 생기는 자기마당이다. 따라서,

전류는 일종의 **자석**

이라고 할 수 있다. 물론 막대자석은 아니다. 주변에 있는 나침반이 돌아가는 방향이, 막대자석이 있을 때와 다르다.

전류는 움직이는 전하다. 또, 자석은 자기마당을 통해 자기힘을 전달한다. 따라서 앞의 진술은 다음과 같이 표현할 수 있다.

움직이는 전하는 주변에 자기마당을 만든다.

이 발견을 통해, 서로 관계없어 보였던 전기와 자기가 무관하지 않다는 것을 처음 알게 되었다. 외르스테드는 논리적인 절차에 따라 실험을 더 해보고, 전류가 흐르는 방향에 따라 자석이 어떤 방향으로 돌아가는지를 알아내 이를 발표했다. 그 결과는 다음 장에서 살펴보자.

27장
|
마흐의 충격[34]

원인이 대칭이라면 결과에서도 (대칭을) 찾을 수 있다.

—피에르 퀴리(1903년 노벨 물리학상 수상자)

에른스트 마흐Ernst Mach는 학생 시절 외르스테드의 실험을 통해 전기와 자기의 대칭성을 생각하다가 다음과 같은 사실을 깨닫고 충격을 받았다고 기록했다. 도선 밑에 나침반을 놓으면 겉보기에는 모든 것이 양방향 대칭(8장)을 가지고 있다. 왼쪽과 오른쪽을 바꾸더라도, 양방향 대칭을 가진 그림은 원래 그림과 구별할 수 없을 것이다. 도선에 전류가 흘러도 마찬가지다. 아래에서 위로 흐르든, 위에서 아래로 흐르든, 양방향 대칭은 깨지지 않는다.

[그림 38] 도선 아래에 나침반을 놓았다. 이는 선(면)대칭적이다. 즉, 왼쪽과 오른쪽을 바꾸어도 똑같은 모양이다. 도선에 전류를 흘린다고 해도 대칭은 유지된다. 전류는 위아래로만 움직이기 때문에, 좌우에 영향을 미치지 않을 듯하다.

실제로 실험을 해보자. 먼저, 건전지를 도선에 연결하면 전류가 흐른다. 전류가 아래에서 위로 흐르도록 하려면, 건전지의 (+)극을 아래쪽에, 건전지의 (−)극을 위쪽에 연결하면 된다. 전류가 흐르면,

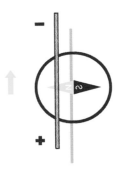

[그림 39] 전류가 아래에서 위로 흐르면, 전선 아래 나침반의 N극이 왼쪽으로 돌아간다.

N극, 즉 위쪽에 있던 부분은 왼쪽으로, S극, 즉 아래쪽에 있던 부분은 오른쪽으로 돌아간다. 나침반 바늘이 한 방향으로 돌아간 것이다. 완전히 반대 방향으로도 돌아갈 수도 있었는데, 왜 한쪽으로만 돌아갔을까?

이상한 일이다. 전류를 흘리기 전은 물론이고, 전류가 흐르는 것 자체도 좌우를 뒤집는 작동에 대해 양방향 대칭을 가지고 있기 때문이다. 오른쪽으로 돌아갈 이유가 있으면, 똑같은 이유로 왼쪽으로도 돌아갈 수 있어야 한다. 양방향 대칭이 깨지는 것처럼 보인다. 나침반이 특정한 방향으로 돌아간다는 것은 다음처럼 말할 수 있다.

전기의 방향성과 자기의 방향성은 연결되어 있다.

28장

—

오른손 법칙

너는 구제할 때에 오른손이 하는 것을 왼손이 모르게 하여
—「마태복음」, 6장, 3절

전류가 흐르는 전선 주변에 자석을 두면 자석이 돌아간다.
전선에서 자기마당(24장)이 나오기 때문이다. 자기마당의
방향은 자석의 N극이 가리키는 방향이다. 전류가 흐르는
방향과 자석의 N극이 가리키는 방향은 일정한 관계를 갖
는다.

  그림 40을 보면, 전선을 따라 아래에서 위로 전류가 흐르
고 있다. 이 도선 주변에 나침반을 여러 개 놓아보면, N극
이 위에서 내려다볼 때 **시계 반대 방향**으로 돌아간다는 것을
알 수 있다. 앞 장의 그림 39도 이와 같음을 알 수 있다. 이
때 돌아갈 수 있는 두 방향 가운데 왜 하필이면 한 방향으

로 돌아가는지는 **모른다**. 이해하지 못하지만, 이 관계를 외울 수는 있다. 먼저, 평면에서 자기마당은 원형 대칭을 가지고 있다. 그러나 평면을 벗어나면 전류는 한 방향을 가지고 있어서, 양방향 대칭이 깨진다. 이런 모양을 가진 것이 바로 그림 41의 '엄지 척' 또는 '좋아요' 할 때 엄지손가락을 치켜올리는 모양이다.[35]

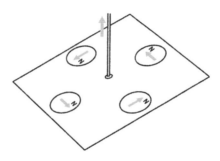

[그림 40] 그림에서는 전류가 아래에서 위로 흐르고 있다. 주변 자석의 N극은 시계 반대 방향으로 원을 만들며 돌아간다.

전류가 흐르는 방향과 자석의 극의 방향을 정하면, 사람의 두 손 가운데 한 손만이 이를 반영한다. 오른손을 그림 41과 같이 감아보자. 엄지손가락을 전류가 흐르는 방향과 나란히 하면, 나머지 네 손가락은 N극의 방향을 가리키게 된다.[36]

이를 전류가 흐를 때 자기장을 찾는 '**오른손 법칙**'이라고 부르자. 돌이켜 보면, 과학 시간에 오른손 법칙이 여기저기 너무 많이 나오고, 심지어 어떤 책에는 왼손 법칙이 나와서, 글쓴이는 언제 오른손 법칙을 쓰고 언제 왼손 법칙을 쓰는지가 너무 혼란스러웠다.

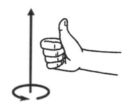

[그림 41] 전류가 흐를 때 그 주변의 자석이 돌아가는 방향을 오른손으로 이용해 외울 수 있다. 전류가 직선으로 흐르는 방향을 오른손 엄지손가락과 나란히 하면, 나머지 네 손가락이 가리키는 방향이 자기마당의 방향이 된다. 주변에 자석을 놓으면 N극은 자기마당의 방향으로 돌아간다.

그러나 사실은 오른손인지 왼손인지가 중요한 것은 아니다. 오른손 법칙도 단지 약속일 뿐이라는 사실이 중요하다. 똑같은 정보를 왼손으로 나타낼 수도 있기 때문이다. 다음을 보자.

왼손을 그림 41과 같이 감아보자. 엄지손가락을 전류가 흐르는 방향과 나란히 하면, 나머지 손가락이 S극의 방향을 가리킨다.

마찬가지로 오른손을 써서 다른 것처럼 보이지만 같은 것을 나타낼 수도 있다.

오른손을 감아보자. 엄지손가락을 전류가 흐르는 반대 방향과 나란히 하면, 나머지 네 손가락이 S극의 방향을 가리킨다.

이 모든 것은 같은 이야기를 하고 있다. 오른손이 할 수 있는 일은 왼손도 할 수 있다.

[그림 42] 여러 교과서에 나와 있는 오른손 법칙들. 이것들 모두 같은 내용을 담고 있다. 두 번째 그림의 네 손가락과 손바닥은 각각 세 번째 그림의 검지와 중지와 같은 방향을 가리키고 있으므로, 완전히 같은 내용이다. 사실, 오른손은 중요하지 않다. 오른손에 어떤 것을 대응시키는지가 중요하고, 같은 내용을 왼손으로도 나타낼 수 있다.

따라서 이 법칙이 오른손 법칙인지 왼손 법칙인지 헷갈릴 필요가 없다. 중요한 것은 오른손을 쓰면 전기의 (+)극과 자기의 N극의 상대적인 위치가, 왼손을 쓸 때와 다르다는 것이다. 그림 42는 모두 오른손 법칙을 설명하는 그림인데, 책에 따라 다른 모양으로 그려져 있다. 두 번째 그림과 세 번째 그림은 완전히 같은 내용의 그림이다. 두 번째 그

림의 네 손가락의 방향과 세 번째 그림의 검지 방향을 일치
시키면, 두 번째 그림의 손바닥 방향은 각각 세 번째 그림
의 중지의 방향과 일치한다. 그림 43은 그림 42의 첫 번째
그림을 도형으로 만든 것이다. 원의 한 점에서 접선으로 나
타냈다.

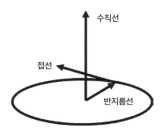

[그림 43] 그림 42의 첫 번째 그림을 도형으로 나타낸 그림.

이 원이 나타내는 것이 원형으로 돌아가는 물맷돌이라
고 하자. 돌아가는 방향은 위에서 내려다볼 때 시계 반대
방향이다. 물맷돌의 줄은 반지름선을 따라 팽팽하게 되어
있을 것이다. 이 줄을 끊으면 돌이 날아가는 방향이 접선
방향이다. 원에 수직한 수직선에 엄지손가락을 나란히 하
면 나머지 네 손가락은 원을 만들게 되는데, 네 손가락이
가리키는 방향은 언제나 접선 방향이 된다.[37] 이 그림이 유
용한 것은, 회전을 평면의 원으로 나타낼 수도 있지만, 오

른손 법칙을 만족하는 수직선 하나만으로도 나타낼 수 있기 때문이다.[38]

이를 사용하면, 그림 42의 첫 번째 그림과 두 번째 그림이 서로 같다는 것을 보일 수 있다. 엄지손가락을 수직선, 나머지 네 손가락을 반지름선과 나란히 하면, 손바닥이 가리키는 방향이 접선 방향이다.[39]

29장

전기와 자기의 대칭

'딴손잡이'는 어떤 일에는 정해진 한 손을 주로 사용하고
또 어떤 일에는 다른 손을 주로 사용하는 습관을 가진 사람을 말한다.
—위키백과

전선에 전류가 흐르면 그 주변의 자석이 돌아간다는 것을
보았다. 전류가 어떻게 자석에 영향을 미치는지 모르지만,
어쨌든 전류가 흐르는 방향과 자석의 N극이 전류의 영향
을 받아 가리키는 방향을 오른손 법칙으로 요약할 수 있다
는 것을 알았다.

　전류는 곧은 전선이 아닌 둥글게 감긴 전선에 원형으로
흐를 수도 있다. 이런 상황에서는 전선 주변의 자기마당이
어떻게 되는지 알아보자. 전선이 아무리 원형이더라도, 그
것의 일부는 거의 직선에 가깝다. 그리고 직선의 경우에는,
이전에 배운 오른손 법칙을 사용해 주변 나침반의 N극이

향하는 방향을 알아낼 수 있다. 원형으로 흐르는 전류에 오
른손 법칙을 한번 적용해 보자.

[그림 44] 원형 도선에 흐르는 전류가 만드는 자기마당을 찾는 방법. 엄지손가락을 전류
가 흐르는 방향과 나란히 하면, 나머지 네 손가락이 자석의 N극 방향을 가리킨다. 특히,
도선이 만드는 원의 중심에서는, 모든 손의 네 손가락이 같은 방향을 가리킨다.

　9시 방향의 손가락, 즉 위를 향하고 있는 손가락부터 생
각해 보자. 이 손가락을 전류가 흐르는 방향, 즉 위로 일치
시키면 나머지 손가락들이 가리키는 방향은 원의 안쪽으
로 들어가는 방향이다. 3시 방향의 손가락으로도 똑같은
것을 따져볼 수 있다. 이때도 원의 중심 방향에서는 N극이
오른쪽을 향한다. 원의 중심에서는 모든 손의 네 손가락이
똑같은 방향을 가리키며, 자기마당의 세기는 이 모든 손가

락에서 얻은 것을 합한다.

전류를 원형 전선 하나가 아니라 여러 개에 흘릴 수도 있다. 전선을 그림 45와 같이 나선형으로 감으면, 그림 44의 원형 전선을 여러 개 붙인 것과 같다. 이렇게 하면, 나선을 더 감음으로써 원하는 만큼 강력한 막대자석을 만들 수 있다. 즉,

원형으로 흐르는 전류는 막대자석과 같다.

이것이 전자석의 원리다.

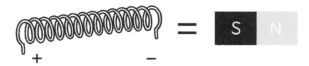

[그림 45] 원형 도선을 흐르는 전류는 막대자석과 똑같은 자기마당을 만든다.

이렇게 만든 막대자석도 언제나 N극과 S극을 모두 가지고 있다. 자기 홀극이 발견되지 않은 이유는, 우주에 존재하는 모든 자석이 전류가 원형으로 흐르며 만들어지기 때문일지도 모른다.

N극의 방향을 오른손을 사용해 외울 수도 있다. 오른손을 감아 돌아가는 쪽을 전류가 흐르는 방향과 일치시킨다. 그러면 엄지손가락 방향은 N극이 가리키는 방향이 된다. 이를 '새로운 오른손 법칙'이라고 부를 수도 있겠다. 중요한 것은 여기에서는 엄지손가락의 방향이 이전처럼 전류가 흐르는 방향이 아니라 N극이 돌아가는 방향이라는 것이다. 이 새로운 오른손 법칙은 앞서 보았던 오른손 법칙과 직접적인 연관은 없다. 그러나 전류와 N극의 이러한 방향을 나타내는 손이 오른손밖에 없다는 것을 알 수 있으므로, 이 관계도 오른손을 통해 기억할 수 있다.

전류

[그림 46] 새로운 오른손 법칙. 원형으로 흐르는 전류가 만드는 자석의 극의 방향도 오른손을 통해 외울 수 있다. 이 새로운 오른손 법칙은 앞서 배운 오른손 법칙과 다르다.

30장

전기로 움직이는 도구들

영혼은 무엇일까? 그것은 전기 같은 것이다.
그것이 무엇인지는 모르지만, 방을 비출 수 있는 힘이다.
—레이 찰스(블루스 가수)

도선에 흐르는 전류가 주변의 자석을 움직였다면, 이를 이용해 원하는 대로 물체를 움직일 수도 있을까? 나침반의 바늘처럼 하나의 축에 고정된 자석은 돌아간다. 다만, 계속 돌아가지는 않고 어떤 지점에서 멈춘다. 이때 자석의 극을 바꿀 수 있다면, 바늘은 다시 돌아갈 것이다. 이를 반복하면 모터를 만들 수 있다.

반대로 자석을 고정하고, 전류가 흐르는 전선이 돌아가도록 할 수도 있다. 전선은 자석보다 더 작고 가벼우므로, 이를 이용해 모터를 만들기가 더 쉽다. 그림 47처럼 브러시 사이에 끊어진 링을 넣어 전류가 도선으로만 흐르도록 하면, 전류가 흐르는 동안 도선은 계속 돌아간다.

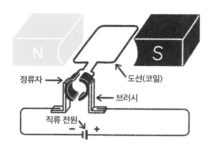

[그림 47] 모터의 원리. 자석과 자석이 만나면 밀고 당기므로, 그중 하나를 전자석으로 만들어 극을 적절히 바꾸어 줄 수 있다.

원운동이 아닌 직선운동을 얻을 수도 있다. 앞 장에서, 원형으로 감은 도선은 막대자석처럼 행동한다는 것을 보았다. 전류를 도선에 더 많이 흘려주면 자석은 더 세지고, 전류를 덜 흘려주면 자석은 약해진다. 전류를 반대로 흘리면, 자석의 극이 바뀐다.

이러한 전자석 옆에 영구 자석이 붙은 고깔을 놓아두면, 변하는 전류가 만드는 자기마당이 고깔을 앞뒤로 밀고 당긴다. 이 고깔은 공기를 흔들어 소리를 만드는데, 이것이 다름 아닌 스피커의 원리다.

31장

전자기 대칭성과 힘의 통합

윌리엄 글래드스톤(재무장관): 전기를 도대체 어디에 써먹을 수 있소?
마이클 패러데이(자연철학자): 그것으로 언젠가 세금을 받을 수 있을 것입니다.

—《네이처》(2010)

앞서 원형으로 흐르는 전류가 막대자석처럼 행동하는 것을 알았다. 그 반대도 가능할까?

전류가 흐른다는 것은 전하가 가만히 있지 않고 이동한다는 것이다. 전하가 가만히 있으면 주변에 자기장이 생기지 않는다. 앞서 이야기한 반대 상황은 움직이는 자석 근처에 도선이 있다면 전기가 흐를까 하는 것이다.

전선을 하나만 놓으면, 전류가 흘러도 그 효과를 보기 힘들다. 전선을 여러 개 가져다 놓고 그 효과가 더해지고 또 더해지는 것을 볼 수 있는데, 그림 48처럼 전선을 여러 번 감아 그림 45와 비슷한 장치를 만든다. 그리고 막대자석을 전선 쪽으로 가져가면, 전류가 흐른다. 하지만 막대자석을 도구 안에 넣고 가만히 있으면 전류가 흐르지 않는다. 다시 막대자석을 도구에서 빼면 전류가 반대 방향으로 흐른다.[40] 마이클 패러데이Michael Faraday가 1831년에 직접 보인 이 현상을 '전자기 유도induction'라고 한다.

[그림 48] 패러데이의 실험. 도선을 감아놓고 그 주변에서 자석을 움직이면 도선에 전류가 흐른다.

자석을 움직일 때만 전류가 흐른다. 자석을 전선 주변에 놓기만 한다고 전류가 흐르는 것이 아니다. 이 현상은 전선 주변에서 자석이 움직일 때도 마찬가지였다. 전류는 전기 전하가 움직이는 것이다. 가만히 있는 전기 전하는 주변의 자석을 움직이지 않는다. 전기 전하와 자기 전하, 즉 자하magnetic charge를 바꾸어도 똑같다. 자석이 움직이면 주변에 전기마당이 생긴다.

전기와 자기는 서로 영향을 줄 뿐 아니라 서로 대칭적이다. 전기와 자기는 독립적인 것이 아니라 하나의 같은 힘이라는 것이 거의 확실해졌다. 이 대칭성은 뒤에서 맥스웰 방정식을 통해 살펴볼 것이다.

32장

전기를 흐르게 하는 도구들

여러분의 미움을 전기로 바꿀 수 있다면, 온 세상이 밝아질 것입니다.
—**니콜라 테슬라(전기공학자)**

전선 주변에 자석을 가져가면, 가져가는 동안 전선에 **전기가 흐른다.** 이 원리를 이용하면, 움직이는 자석으로 전기를 만들 수 있다. 사실, 모터를 손으로 돌리면 전선에 전기가 흐른다. 따라서 모터에 물레방아를 연결하면 전기를 계속 만들어 낼 수 있는데, 이것을 '발전기'라고 한다. 모든 발전기가 실제로 이 원리로 작동한다. 수력발전소는 흐르는 물로 물레방아를 돌린다. 화력발전소에서는 끓는 물로 터빈을 돌린다. 수증기가 돌리는 바람개비가 바로 터빈이다. 원자력발전소에서는? 물을 끓이는 방법만 다르고(뒤에서 다룰 핵분열을 이용한다), 역시 터빈을 돌린다.

마이크도 마찬가지다. 마이크에 말을 하면 공기가 떨리는 소리 신호가 전류로 바뀐다. 공기가 세게 떨리면 전류가 커지고, 높은 소리가 나면 떨림이 잦아진다. 이 전류가 얼마나 세고 빨리 떨리는지를 기록해 놓으면 녹음이 된다.

전선이 아니라 금속판이 있다면 어떨까? 이는 전선 여러 가닥이 겹쳐 있는 것과 같다. 따라서 전류가 흐른다. 이 경우에는 전류가 원형으로 맴돌면서 생긴다. 그런데 저항이 크면 열이 난다. 이를 이용한 것이 유도 가열induction heat이다. 열판을 뜨겁게 만들지 않고, 용기를 뜨겁게 만들어 재료를 조리하는 것이다.

33장

자연에 공짜는 없다

세상에 공짜 점심은 없다.
―밀턴 프리드먼(1976년 노벨 경제학상 수상자)

자석을 움직일 때만 전류가 흐른다. 자석을 전선 주변에 놓기만 한다고 전류가 흐르는 것이 아니다. 만약 이런 일이 일어난다면, 우리는 자석을 전선 주변에 가져다 놓고 무한한 양의 전기 에너지를 얻을 수 있을 것이다. 그러나 그런 일은 일어나지 않는다.

전기를 얻는 방법은 한 가지밖에 없다. 영구 자석을 움직여 자석 주변의 전선에 전기가 흐르게 하는 것이다. (물론, 영구 자석 근처에서 전선을 움직여도 된다).[41] 적어도 인류가 지금까지 알아낸 방법은 이것뿐이다. 수력발전은 물을 흘려 물레방아를 돌리고, 화력발전은 물을 끓여 증기를 만든 뒤이 증기로 터빈을 돌린다. 원자력발전은 핵분열을 통해 얻은 열로 물을 끓인다는 것만 다를 뿐이다. 모두 자석이나 전선을 돌리는 것이다.

자석을 움직이면, 전류가 흐르면서 전자석이 만들어진다. 전자석의 어느 쪽이 N극이 될까? 이는 자석이 움직이는 것을 막는 방향으로 알 수 있다. 처음 발견한 과학자의 이름을 따서, 이를 '렌츠의 법칙 Lenz's law'이라고 한다. 그림 49를 보자. 자석이 도선 쪽으로 움직이면 도선에 전류가 흐르는데, 10장에서 이야기한 것처럼 도선에 흐르는 전류는 막대자석처럼 행동한다. 이 막대자석의 N극과 S극은 자석이 움직이는 것을 막는 방향으로 생기기에, 왼쪽이 S극, 오른쪽이 N극이 된다. 자석의 극을 바꾸거나 자석을 왼쪽으로 빼면서 당겨도, 마찬가지 방법으로 유도되는 전류의 방향을 구할 수 있다.

[그림 49] 전선 주변에서 자석을 움직이면 전선에 전류가 흐른다. 전자석에서 전류가 흐르는 방향은 자석이 못 다가오게 하는 방향이다.

전기 자동차나 하이브리드 자동차에서는 이를 적극적으

로 활용해, 브레이크를 밟을 때 전선이 자석 주변에서 돌아가도록 한다. 그러면 전선에 전기가 발전되어 배터리를 충전할 수 있고, 렌츠의 법칙에 따라 전선에 생기는 전류는 자기장을 만들어 바퀴를 잘 돌아가지 않게 만든다.

렌츠의 법칙도 자연에는 공짜가 없다는 것에서 이끌어 낼 수 있다. 자석의 S극이 다가가는 방향으로 전자석에 N극이 생긴다고 해보자. 그러면 전류가 흐르며 자석의 움직임을 도울 것이고, 자석은 전자석으로 빨려 들어갈 것이다. 집어넣은 자석이 힘을 들이지 않아도 점점 더 세게 빨려 들어간다면 행복한 세상이 올 것이다. 예를 들어, 자석을 기차라고 생각하면 힘을 들이지 않고 기차를 운행하는 것이 가능해지기 때문이다. 우리는 가만히 앉아 자원을 얻을 수 있을 것이다. 그러나 그런 일은 일어나지 않는다. 세상에 공짜는 없다. 자연에도 공짜는 없다.

34장

맥스웰과 빛

**무엇을 모르는지 철저하게 아는 것은
모든 진정한 과학적 진보의 시작이다.**

—제임스 클러크 맥스웰(이론물리학자)

지금까지 우리가 전기와 자기에 대해 이야기한 모든 것을
요약하는 방정식이 있다. 영국의 물리학자 제임스 클러크
맥스웰James Clark Maxwell이 정리한 네 개의 방정식이 그것이다.
수식은 어려우니 내용만 생각해 보자. 네 가지 방정식은 각
각 다음과 같은 내용을 나타낸다.

1. 전하로부터 전기마당이 고르게 퍼져나가며, 갑자기 사라
지거나 생기지 않는다.
2. 자기마당은 고르게 퍼져나가며, 갑자기 사라지거나 생기
지 않는다.

3. 자기마당이 변하면, 전기력이 오른손 법칙을 따르며 주변으로 퍼져나간다. 그 반대도 마찬가지다.

4. 전류가 흐르거나 전기마당이 변하면, 자기력이 오른손 법칙을 따르며 주변으로 퍼져나간다. 그 반대도 마찬가지다.

고르게 퍼져나간다는 것은 가능한 모든 방향으로 같은 양만큼 퍼져나간다는 뜻이다. 전하가 점일 때, 전기마당이 퍼져나가는 모양은 그림 32와 같다. 이는 비유로도 이해할 수 있다. 어두운 방 안에 켜놓은 촛불은 벽으로 막혀 있지 않는 한 모든 방향으로 퍼져나간다. 또, 촛불과의 거리가 같다면 어떤 위치에서든 촛불의 밝기가 같다. 촛불이 있는 곳에서는 빛이 새로 생긴다고 할 수 있다. 촛불이 없는 곳에 들어온 빛의 양의 합은 촛불에서 나간 빛의 양의 합과 같다. 자기마당도 똑같이 행동한다.

세 번째와 네 번째 방정식이 앞에서 계속해서 배운 것이다. 즉, 전류가 흐르면 전선은 자석처럼 행동하고, 자기마당이 어떤 방향으로 퍼져나가는지를 살펴보았다. 이는 전기마당이 변할 때도 마찬가지다. 자기마당이 변해도, 그 주변으로 전기마당이 똑같이 퍼져나간다. 그리고 이 네 개의 방정식이 이 책의 4부와 5부에서 배운 모든 내용을 요약한다. 특히, 전기 전하가 움직이면 자기력이 생기고, 자석이

움직이면 전기력이 생기는 것은 일관되게 나타난다. 또 이 둘을 서로 바꾸어도 대칭이다. 이를 통해,

전기와 자기는 같은 것

이라고 할 수 있다. 이렇게 통합된 힘은 '**전자기력**electromagnetic force'이라고 부른다. 맥스웰 방정식에서 이야기하는 것을 활용해 보자.

1. 전하가 움직이면 그 주변에 자기력을 미친다. 일정한 속도로 움직이는 전하는 가만히 있는 자하와 같다.
2. 자하가 움직이면 그 주변에 전기력을 미친다. 일정한 속도로 움직이는 자하는 가만히 있는 전하와 같다.
3. 전하가 가속되면 그 주변에 변하는 자기력을 미친다. 자하가 가속하면서 움직이는 것과 같다. 따라서 그 주변에 다시 가속되는 자기력을 만든다.

이것이 연쇄적으로 반복되면서, 전기힘과 자기힘이 주변으로 퍼져나간다. 이를 '전자기파electromagnetic wave'라고 한다.

질문: 움직이는 자석 주변에, 전선이 있어야 전기가 흐를 수

있지 않나?

답변: 전기힘은 전기마당을 통해 퍼진다. 전선은 전기마당의 영향을 받아 전류가 잘 흐르게 해주는 도구일 뿐, 전선이 없어도 전기마당은 퍼진다.

빛은 전자기파라는 것이 알려져 있다. 빨간색의 진동수는 400테라헤르츠 정도다. 전기와 자기가 1초에 400조 번 진동하는 전자기마당이 눈으로 들어와 시신경이 이를 감지하면, 빨간 빛이 들어온 것으로 느낀다. 전자기파가 1초에 650조 번 진동하면, 파란색이나 보라색으로 보인다.

적외선과 자외선도 마찬가지다. 과거에는 이것들이 눈에 보이지 않기에 다르게 취급했었지만, 진동수만 다른 전자기파다. X선도 마찬가지다. 피부를 투과할 수 있으므로 특별해 보이지만, 진동수가 가시광선보다 클 뿐이다. TV와 라디오 신호도 전자기파다. 여기에 방송 신호를 실어 보낼 수 있기에 다르게 보일 뿐이지, 진동수만 작은 전자기파다.

양자역학이 탄생한 것도 빛의 성질과 관련 있다. 처음에 과학자들은 양전하를 띤 원자핵 주변을 음전하를 띤 전자가 (마치 지구가 태양 궤도를 도는 것처럼) 돈다고 생각했었다. 그런데 원운동은 가속 운동이다. 전자가 돌면 그 주변에 가속되는 자기마당을 만든다. 따라서 전자기파가 원자에서 빠져나가야 한다. 에너지가 빠져나가는 것이기에, 결국 원자는 에너지를 잃어야 한다. 그런데 원자에서는 이런 일이 일어나지 않는다.[42]

상대성이론이 탄생한 것도 빛의 성질과 관련 있다. 맥스웰 방정식을 정확히 쓰면 파동이 퍼져나가는 방정식을 구할 수 있는데, 이때 파동의 속력은 언제나 일정하다. 즉, 빛을 쏘는 사람이 일정한 속도로 움직이면서 빛을 쏘아도 빛의 속력은 변하지 않는다. 또 빛을 관측하는 사람의 움직이는 속도에 상관없이 빛의 속력은 언제나 같다. 상대성이론을 사용하지 않고 전통적인 속도의 합을 적용해 맥스웰 방정식을 살펴보면, 방정식의 모양이 일관된 모양을 유지하지 않고, 전기와 자기가 이상하게 섞인다.[43]

> **질문**: 수업 시간에, 파동은 물체가 아니며 매질이 진동하는 것이 전달되는 것뿐이라고 배웠다. 빛의 매질은 무엇인가?

맥스웰 방정식이 파동으로서의 빛을 예견하자, 과학자들이 가장 궁금하게 생각했던 것이 바로 이 문제에 대한 답이었다. 만약 빛이 매질에 실려 움직인다면, 빛의 속력에도 차이가 생길 것이다. 실험으로 이를 확인해 보려고 했지만, 그러한 매질의 움직임을 찾을 수 없었다.

상대성이론에서는 빛이 매질 없이 진공 속을 퍼져나간
다고 보며, 빛을 쏘는 사람과 이를 보는 사람의 영향을 받
지 않고 언제나 일정한 속력으로 날아간다고 설명한다. 한
편 양자역학에서는 입자도 파동의 성질을 가지고 있으며,
빛도 입자로 볼 수 있다고 설명한다. 이렇게 보면 매질 없
이 날아가는 것이 이상하지 않다. 전자도 진공 속을 날아가
므로.

여섯
·
다른
힘

35장

원자, 작은 자석

원자라는 작은 입자들이 존재하며, 모든 물질을 구성한다.
—존 돌턴, 『화학 철학의 새로운 체계』(1808)

세상의 모든 물질은 원자로 이루어졌다. 물은 수소와 산소 원자로 이루어졌고, 설탕은 수소, 산소, 탄소 원자로 이루어졌다. 우리 몸은 조금 더 많은 종류의 원자로 이루어졌다. 몸무게의 96퍼센트를 차지하는 것은 수소, 산소, 탄소, 질소, 이렇게 단 네 개의 원소다. 나머지 3퍼센트는 칼슘과 인이다. 그리고 다섯 가지의 원자가 아주 적은 양으로 더 들어 있을 뿐이며, 다른 원자들은 너무 적어서 우리 몸을 구성하는 데 꼭 필요하다는 증거조차 충분하지 않다.

원자들은 서로 같다. 물을 이루고 있는 수소와, 설탕을 이루는 수소, 그리고 우리 몸을 이루고 있는 수소는 **완전히**

똑같다. 이 수소들을 서로 바꾸어도 이를 구별할 수 없다.[44] 그렇지 않다면, 물을 마시는 것은 아무 도움도 되지 않을 것이다.

원자의 구조를 알아보자. 오늘날에는 현대 물리학을 통해 실제 원자가 마음속으로도 그릴 수 없는 추상적인 형태를 가진다는 것을 알게 되었다. 현대의 원자 모형과 비교해 1925년 이전의 원자 모형은 정확하지 않지만, 적어도 원자에 무엇이 들어 있는지를 보여준다.[45]

원자는 양전하를 띤 원자핵 주변을 음전하를 띤 전자가 감싸는 구조로 되어 있다. 원자핵은 양성자proton와 중성자neutron로 이루어진다. 이 둘은 무게가 비슷한데, 각각 전자 무게의 2,000배쯤 된다.

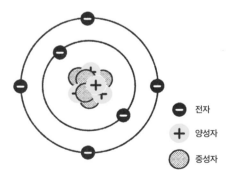

전자

양성자

중성자

[그림 50] 1925년 이전의 원자 모형. 원자핵이 원자의 중심을 이루고, 그 주변을 전자가 감싸고 있다. 원자핵은 양전하를 띤 양성자와 전기를 띠지 않는 중성자의 결합으로 이루어진다. 원자의 종류는 양성자가 몇 개인지로 결정된다. 따라서 화학도 전기에서 시작된다.

1. 원자의 양성자가 몇 개인지에 따라 원자의 종류가 결정된다. 예를 들어, 수소는 양성자가 하나, 탄소는 여섯, 산소는 여덟 개다. 양성자는 양전하를 띤다.
2. 중성자는 원자의 종류를 바꾸지 않지만 무게를 바꾼다. 따라서 같은 종류의 원자여도 무게가 다른 원자가 있다.[46] 중성자는 전기적으로 중성이다.

음전하를 띤 전자가 이 원자핵을 감싸는데, 양성자의 개수와 전자의 개수가 같아 원자 전체는 전기적으로 중성이다. 원자들이 각기 다른 화학적 성질을 가지는 것은 전자가 배열된 구조 때문이다.

이 방법으로 이 세상 모든 원자를 분류할 수 있다. 단 세 개의 입자가 주기율표에 있는 110여 가지 원소들의 구조를 모두 설명하는 것이다. 20세기 초반까지만 하더라도 과학자들은 세상의 모든 것을 이해한 것처럼 행복해했다.[47]

그런데 이러한 원자 구조를 가지고, 앞서 배운 전기와 자기의 관계를 통해 자석의 기원을 설명할 수 있다. 자석은 작은 자석들이 모여서 이루어진 것으로 이해할 수 있는데, 가장 작은 자석은 다름 아닌 원자다.

앞에서 설명한 원자 모형에서는, 마치 지구가 태양의 궤도를 돌듯 전자가 원자핵 주변을 공전한다. 전자는 전하를 띠고 있으므로, 원형으로 흐르는 전류를 만들 것이다. 29장에서 배운 것처럼, 원형으로 흐르는 전류는 막대자석과 같이 행동한다. 따라서 원자도 자석이 된다. 이렇게 만들어진 자석에는 언제나 N극과 S극이 같이 생긴다는 것도 배웠다. 또한, 작은 자석들이 모여 큰 자석을 만든다는 것도 배웠다. 따라서 **모든 자석**이 이렇게 만들어졌다면,

> 자기 홀극은 없어야 한다. 그리고 자기힘이 따로 존재하지 않아도, 모든 자기 현상을 전기로 설명할 수 있다.

그러나 태양 궤도를 닮은 원자 모형은 완전하지 않다는 것이 밝혀졌고, 전자의 회전이 자석을 설명한다는 것도 정확하지 않다. 예를 들어, 중성자는 전기를 띠지 않지만 극성이 있는 자석처럼 행동한다. 이를 이해하기 위해서는, '스핀spin'이라는 또 다른 입자의 성질을 알아야 한다.

기본 입자는 점으로 생각할 수 있다. 점은 돌려보아도 점이다. 우리가 볼펜으로 점을 그리면 점의 크기가 유한하고 모양이 둥글지도 않아서, 이를 돌리면 모양이 바뀐다. 그러나 이상적인 점은 공간을 차지하지 않는다. 이상한 것은 양성자, 중성자, 전자는 모두 점입자로 여겨지는데도, 자전하는 것과 같은 성질을 가지고 있다는 것이다. (엄밀히 말해, 양

성자와 중성자는 표준 모형의 기본 입자는 아니지만, 점입자로 근사할 수 있다.)

이러한 성질은 입자의 더 근본적인 구조 때문일 텐데, 이를 모르더라도 '자전하는 성질'을 그냥 전하처럼 부여할 수 있다. 기본 입자가 회전하는 것처럼 상상하며, 돌아가는 속도, 정확히는 각속도를 부여하면 된다. 그러나 기본 입자가 실제로 회전하지는 않는다. 이 가상의 회전이 바로 스핀이다. 양성자, 중성자는 모두 똑같은 스핀을 가지고 있다.

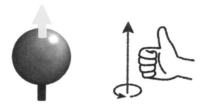

[그림 51] 입자에는 스핀이 있고, 그에 따라 입자는 작은 자석처럼 행동한다. 스핀의 방향이 자석의 N극 방향이다.

스핀이 있으면, 전하가 없는 입자도 마치 전하가 있는 물체가 회전하는 것처럼 자석이 생긴다. 따라서 전기적으로 중성인 중성자나 원자들은 작은 자석이며, 스핀으로만 자석의 방향이 결정된다. 이때 자석의 방향은 스핀의 방향을 통해 오른손 법칙으로 결정된다. 스핀을 회전이라고 생각하고 입자가 도는 방향으로 오른손의 네 손가락을 감으면,

엄지손가락이 가리키는 방향이 **스핀의 방향**이고, **자석의 N극 방향**이다.

영구 자석은 이런 입자들이 모여 있는 것이라고 할 수 있다. 이 조그마한 자석들의 N극과 S극이 모여, 전체 자석의 N극과 S극을 이룬다. 원자의 스핀 방향이 어느 쪽인지 알면 N극의 방향도 알 수 있는데, 문제는 원자를 직접 볼 수 없다는 데 있다.

36장
|
약한 상호작용

우리는 모두 별에서 만든 것으로 이루어졌다.

—칼 세이건, 『코스모스』(1980)

별은 스스로 빛을 내는 천체다. 태양계에서는 태양이 유일한 별이다. 금성, 화성, 그리고 우리가 사는 지구는 '행성' 또는 '떠돌이별'이라고 한다.[48] 행성은 스스로 빛을 내지 않지만, 우리는 행성을 볼 수 있다. 행성이 햇빛을 반사하기 때문이다.[49]

보통, 물체가 타는 것은 산소와 결합하는 것이다. 예를 들어, 석탄은 탄소와 수소로 이루어지는데, 이것들이 산소와 결합하면 전자가 재배열되며 남는 에너지가 생기고, 그것이 빛과 열이 된다. 중요한 것은 결국 전자의 배열에 따라 에너지가 다르다는 것인데, 산소가 붙으면 에너지가 남는다. 이 모든 과정이 전기력 때문에 생기는 것이다.

별도 똑같이 불타면서 빛나는 것처럼 보이지만, 별에서 나오는 에너지는 그 규모가 다르다. 사실, 별이 빛나는 것은 전기로 설명할 수 없는 **다른** 현상이다. 태양 속에서는 원자력발전소에서 일어나는 것과 비슷한 일이 일어난다.[50] 먼저 수소 원자 네 개가 뭉치는데, 그 과정에서 수소 원자 두 개가 방사능 붕괴 해 중성자가 된다. 이렇게 만들어진 원자가 바로 헬륨이다. 이 과정에서 (전자가 아닌) 원자핵들이 재배열되면서 에너지가 나오는데, 이를 '핵융합'이라고 한다. 그리고 핵융합, 붕괴 그리고 핵분열을 통틀어 '핵반응'이라고 부른다. 이러한 융합과 붕괴가 계속 이루어지면서 다양한 원자들이 만들어진다. 별은 원자를 만드는 공장이고, 지구상의 모든 원자는 다양한 별에서 온 것이다.

핵반응은 전기힘과 비슷하면서도 다르다. 핵반응은, 물체끼리 서로 밀거나 당긴다는 점에서 전기와 같다. 그러나 핵반응에 참여하는 물질들은 이 과정에서 **다른 물질로 바뀐다.** 이런 이유에서, 핵반응에 관여하는 힘은 '약한 핵력weak nuclear force'이라는 이름보다는 '약한 상호작용weak interaction'이라고 부른다. 약하다는 것은, 앞으로 보게 될 강한 상호작용보다 약하다는 것이지 절대적인 힘이 약하다는 뜻은 아니다.

코발트-60 원자는 방사능 물질이다. 코발트 원자의 양성자는 27개다. 자연에 가장 풍부한 코발트는 양성자 27개, 중성자가 32개가 있으며, 양성자의 질량이 중성자의 질량과 비슷하므로 전체 질량은 양성자의 59배쯤 된다. 코발트-60은 그 이름처럼 양성자 27개와 중성자 33개로 이루어지며, 자연에 흔한 코발트보다 중성자가 하나 더 많은 무거운 동위원소다.

코발트-60 원자들을 가져다 놓으면 이 원자들에서 무언가가 튀어나오고, 주변에 방사능 측정 장치를 가져다 놓으면 띡, 띠딕 하는 소리가 들린다. 다시 보면, 어느새 코발트는 니켈-60이 되어 있다.

코발트-60 → 니켈-60 + 베타선 + (너무 빨라 잘 안 보이는 입자)

이렇게 바뀌는 현상을 '베타 붕괴beta decay'라고 하고, 이 과정에서 방출되어 방사능 측정 장치에 감지되는 것을 '베타선beta ray'이라고 부른다. 방사능 붕괴는 발견된 순서에 따라 그리스 알파벳을 따서 '알파 붕괴', '베타 붕괴', '감마 붕괴'라고 이름 붙이고, 이 과정에서 나오는 방사선도 같은 방식으로 이름을 붙였는데, 지금은 이 베타선이 전자라는 것을 알고 있다. 보통 중성자가 많은 동위원소는 베타 붕괴를 잘 일으킨다. 코발트-60에서는 중성자 33개 가운데 하나가 양성자로 바뀌며, 나머지는 구경꾼들이다. 따라서 코발트의 베타 붕괴는 중성자의 베타 붕괴와 다르지 않다.

중성자 → 양성자 + 전자 + (너무 빨라 잘 안 보이는 입자)

중성자가 붕괴하면, 양성자와 전자가 나온다. 그리고 너무 빨리 날아가며 잘 감지되지도 않는 입자도 같이 나온다.[5] 이 입자에 대해서는, 40장에서 이야기할 것이다.

붕괴는 그 이름 때문에 중성자라는 큰 입자가 작은 입자로 쪼개지고 깨지는 과정 같은데, 그렇지 않다. 중성자가 양성자로 바뀌는 과정이라고 보는 것이 더 자연스럽다. 비슷하게, 전자와 너무 빨라 잘 안 보이는 입자도 서로 바뀌기도 한다. 상대성이론에 따르면, 서로 바뀌는 입자는 비슷한 환경에서 쌍으로 생겨나기도 한다.

참고로, 방사성 붕괴가 일어날 확률은 고유한 값으로, 이 반응이 얼마나 세게 일어나는지로 결정된다. 예를 들어, 한 무더기의 코발트-60은 약 5.27년이 지나면 반만 남게 되는데, 이 시간을 '반감기half-life'라고 한다.

37장

거울과 홀짝성

거울속의나는왼손잡이오
—이상, 〈거울〉

9장에서 거울 뒤집기가 왼손과 오른손을 바꾼다는 것을 배웠다. 이 장에서는 거울 뒤집기가 자석의 N극과 S극을 바꾼다는 것을 보일 것이다. 전류가 흐르는 전선 주변에는 자기마당이 생기며(26장), 이때 N극의 방향은 오른손 법칙으로 기억할 수 있었다. 그런데 이를 그림 52처럼 거울에 반사시켜 보자.

거울 밖에는 전류가 아래에서 위로 흐르고 있다. (전류의 방향은 화살표로 나타냈다.) 거울에 비친 상에서도 전류는 아래에서 위로 흐른다. 거울 밖의 화살표와 거울 안의 화살표가 같은 방향을 향하는 것으로 이를 확인할 수 있다. 두 경우 모두에서, 전자는 위에서 아래로 내려간다.

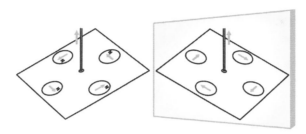

[그림 52] 거울에 비친 전선과 자석들.

거울 바깥에서는, 오른손의 엄지손가락을 전류가 흐르는 방향으로 일치시키면 나머지 손가락들이 N극의 방향을 가리켰다. 이를 그림 52의 왼쪽 그림에서도 확인할 수 있다. 이제,

오른손 법칙을 그대로 **거울 속**에서도 적용해 보면,

엄지손가락을 전류가 흐르는 방향으로 일치시켰을 때, 나머지 손가락들이 가리키는 방향은 화살표 **반대** 방향이다. 거울 바깥에서는 화살표 방향이 N극이었는데, 거울 안에서는 화살표의 반대 방향이 N극이다. 따라서,

거울 뒤집기 때문에 **자석의 N극과 S극이 바뀌었다**

는 것을 알 수 있다.

우리가 궁금한 것은, 자석의 N극과 S극이 본질적으로 같은지, 다르다면 어떻게 구별할 것인지 하는 문제다. 여기에서는 이 문제를

거울 밖의 N극과 이것의 거울상은 서로 어떻게 다른가

라는 **대등한 문제로 바꾸었다**. 잘 알다시피, 거울 뒤집기를 통해 오른손은 왼손으로, 왼손은 오른손으로 바뀐다. 그런데 거울에 비추는 것은 (9장에서 살펴보았던) 홀짝성, 즉 패리티를 바꾸는 것이다. 참고로, 어떤 현상의 **홀짝성이 보존**된다면,

왼손과 연관 지을 수 있는 일이 언제나 오른손과 연관 지어서도 나타난다.

따라서 홀짝성이 보존된다면, 자석의 N극과 관련해 일어나는 일이 자석의 S극과 관련해서도 일어난다. 예를 들어, 자기력에 대해 N극에서 생기는 힘의 세기는 S극에서 생기는 힘의 세기와 완전히 같다. 이는 자기힘이 홀짝성을 보존하기 때문이다. 4부에서 배운 것은, 전기힘과 자기힘이 관여하는 모든 현상에서 홀짝성이 보존된다는 것이다.

이 책에서는 설명하지 않았지만, 과학자들은 중력 역시 홀짝성을 보존한다는 것을 알아냈다.

질문: 전선이 거울 면과 나란하기 때문에 전류의 방향이 바뀌지 않았다. 하지만 전선이 거울 면과 수직으로 놓인다면, 거울 속에서 전류의 방향은 반대가 된다. 그래도 자석의 N극과 S극은 바뀌는가?

답변: 그렇다. 전선이 거울 면과 수직으로 놓이면, 전류의 방향은 반대가 되지만 나침반이 돌아가는 방향은 그대로다. 거울 밖에서 오른손 법칙을 따르던 것이 거울 안에서는 왼손 법칙을 따르는 것이다. 거울 안에서도 오른손 법칙을 따라야 한다고 주장하면, 거울 안에서 N극과 S극이 바뀌었다고 주장해야 한다.

거울 속에서도 전류에 따른 자기마당의 오른손 법칙을 적용한다면, 전류가 어떤 방향으로 흐르는지와 관계없이, 자석의 N극과 S극이 서로 바뀐다.

질문: 자석의 N극, S극을 서로 바꾸는 대신, 거울 안에서는 왼손 법칙을 사용하면 되지 않는가?

답변: 그러면 그 대신 왼손과 오른손이 바뀐다.

질문: 거울 안과 거울 밖에서 왼손/오른손과 N극/S극을 바꾸지 않으면 어떻게 되는가?

답변: 전류의 흐름이 바뀌지 않는다는 가정이 있었다. 거울 안과 거울 밖에서 왼손/오른손 그리고 N극/S극도 바꾸지 않으려면, 전류가 반대 방향으로 흐른다고 해야 한다. 즉, (+)극과 (−)극을 바꾸어야 한다.

정리하면, 거울 뒤집기는 다음 세 가지 중 **한 가지를 반드시 바꾼다.**

1. 전기의 (+)극과 (−)극
2. 자석의 N극과 S극
3. 왼손과 오른손

거울 반사를 두 번 하면 원래대로 돌아온다. 이 모든 성질은 9장에서 이야기한 홀짝성과 부합한다.

마흐의 충격(27장)으로 돌아가 보자. 그림 39의 도선에 전류를 흘리면 양방향 대칭을 가지므로, 자석이 한쪽 방향으로 돌아가면 안 될 것 같다. 그런데 거울 속의 자석은 N극과 S극이 거울 바깥과 반대다. 즉, 거울 바깥의 극과 거울 안쪽의 극이 같아진다. 따라서 자석이 어떤 방향으로 돌아가더라도, 여전히 거울 면을 기준으로 양방향 대칭을 유지하게 된다.

거울 반사는 왼손과 오른손을 바꾸지만, 바꾸지 않는 것도 있다. 어떤 물리량의 크기와 방향을 나타내는 벡터는 양방향 변환에 대해 변한다. 그런데 앞 장에서 정의한 각속도는 이런 의미에서 벡터가 아니다.

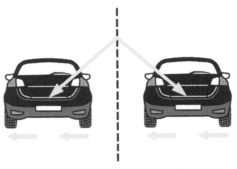

[그림 53] 회전 각속도는 벡터가 아닌 가짜 벡터다.

멀어지는 자동차의 왼쪽 바퀴를 보자. 오른손 법칙을 사용해 돌아가는 각속도를 '벡터'로 나타내면 왼쪽을 가리킨다. 이를 거울에 비추어 보면, 거울상의 바퀴도 같은 방향으로 돌아간다. 거울 속에서도 똑같은 오른손 법칙을 사용한다면, 거울 속 바퀴의 각속도를 나타내는 '벡터'도 변하지 않는다. 이는 진짜 벡터가 아니므로, '가짜 벡터peudovector'

라고 한다.[52]

　가짜 벡터와 관계된 일은 거울 반사를 해도 그대로이므로, 홀짝성을 보존하지 않는다. 왼손을 거울 반사 해도 거울 속에서 왼손인 셈이므로, 오른손과 관련된 일에 대해 말할 수 없고, 왼손과 관련해 일어나는 일이 오른손과 관련해서는 일어나지 않는다고 해도 모순이 생기지 않는다. 진짜 벡터와 관계된 일은 거울 반사를 하면 뒤집히므로, 홀짝성을 언제나 보존한다. 왼손에서 일어난 일이 오른손에서도 일어나기 때문이다.

38장

홀짝성 위반

베타 붕괴는… 마치 오래된 친구 같다.
내 마음속 특별한 곳에 언제나 간직되어 있다.
—우젠슝(실험물리학자)

이제 N극과 S극을 구별하는 실험에 대해 이야기할 차례다. 이는 홀짝성(패리티)이 위반되는 것과 관계가 있다. 1954년에는 많은 물리학자들이 이른바 '타우-세타 문제'를 고민하고 있었다. 타우 입자와 세타 입자는 질량과 반감기가 같은데도 다르게 붕괴했다.[53] 보통은 질량과 반감기가 같으면 같은 입자인데, 타우 입자는 세 개의 파이 입자로, 세타 입자는 두 개의 파이 입자로 붕괴했던 것이다.

입자의 홀짝성은 입자를 기술하는 양자역학적인 함수의 부호가 바뀌는지 그렇지 않은지로 정의된다. 자석의 자하를 이름 대신 수로 나타내면, 거울 뒤집기를 할 때 이것의 부호가 바뀌는 것이 N극과 S극이 바뀌는 것이다. 예를 들어, 파이 입자의 패리티는 (−1)인데, 파이 입자를 거울 뒤집기 하면 함수의 부호가 바뀐다. 거울 뒤집기를 두 번 한 것은 하지 않은 것과 같으므로, 패리티는 곱으로 보존된다.

1. 세타 입자가 붕괴해 파이 입자가 두 개 나오면, 세타 입자의 원래 패리티는 (−1) × (−1) = 1이라는 것을 알 수 있다.
2. 타우 입자가 붕괴해 파이 입자가 세 개 나오면, 타우 입자의 원래 패리티는 (−1) × (−1) × (−1) = (−1)이라는 것을 알 수 있다.

따라서 타우 입자는 거울에 비추면 반대 상태로 바뀌는데, 세타 입자는 그대로라는 것이다. 홀짝성이 다르기 때문에, 이 둘은 같은 입자일 수가 없다.

그 전까지는 누구도 홀짝성이 보존된다는 것을 의심하지 않았다. 모두 홀짝성이 자연의 아름다운 대칭이라고 생각했다.[54] 1956년에 양첸닝Yang Chen Ning과 리정다오Lee Tsung Dao는 이전의 모든 실험 결과를 조사한 뒤, 타우 입자와 세타 입자의 홀짝성이 보존된다는 것을 밝혀준 실험 결과가 없다는 것을 알아낸다. 따라서 이 두 입자가 같은 입자라고 보아도 괜찮으며, 다만 홀짝성이 보존되지 않을 수도 있다는 사실을 발견한 것이다. 그리고 이를 실험으로 확인해 볼 것을 제안한다. 얼마 후 실험물리학자들은 너도나도 앞다투어 실험했고, 같은 해 미국 물리학회 학회지《피지컬 리뷰Physical Review》에 몇 개의 실험이 연달아 실렸다. 두 사람은 그다음 해 바로 노벨 물리학상을 받았다.

그 가운데 제일 먼저 한 실험이자 가장 대표적인 실험이 우젠슝의 실험이다. 이는 다음과 같은 성질을 이용한다.

1. 코발트 원자는 작은 자석이다.
2. 코발트 원자가 붕괴하며, 전자가 하나 나온다.

작은 자석으로서 코발트는 N극과 S극을 가지고 있다. N극과 S극 사이에 본질적인 차이가 없다면, 전자가 각각의 극으로 나올 확률이 50퍼센트 대 50퍼센트로 같을 것이다. 37장에서 거울 뒤집기가 N과 S극을 바꾼다는 것을 보았다. 다시 말해, 홀짝성이 보존된다면, 코발트의 붕괴로 생기는 전자가 N극과 S극, 두 방향으로 골고루 나올 것이다.

그러나 이를 관찰하려면 문제에 부딪힌다. 코발트 원자가 어떤 방향을 향하고 있는지를 어떻게 알 수 있을까? 원자는 너무 작아서 직접 관찰할 수 없다. 더욱이 코발트 원자 하나를 다루는 것은 아주 어렵다. 따라서 코발트 원자들이 모인 기체를 다루어야 한다.

이제 코발트 기체 근처에 강한 자석을 가져오자. 그러면 코발트는 외부 자석에 따라 배열된다. 예를 들어, 외부 자석의 S극을 가져오면 그 방향으로는 코발트 자석의 N극이 정렬된다. 상온에서 이 실험을 하면, 웬만한 자석으로는 코발트를 정렬하기 힘들다. 온도가 높다는 것은 분자들이 그만큼 더 빠르게 움직인다는 뜻이다. 즉, 이런저런 방향으로 날아다니기도 하고 방향도 바꾼다. 그러나 코발트 기체의 온도를 낮추면, 원자들은 돌아다니지 않고 방향도 일정하게 유지된다. 이렇게 준비한 코발트 기체를 가만히 놓아두면, 36장에서 본 것처럼 베타 붕괴를 하게 된다. 그 결과,

전자는 대부분, 코발트 원자의 입장에서 S극 쪽으로, 외부 자석을 기준으로 하면 N극 쪽으로 **나온다.**

N극과 S극이 대등해야 할, 홀짝성이 깨진 것이다. 자연현상을 통해 **두 극을 구별**할 수 있게 되었다. 따라서 코발트 원자의 베타 붕괴가 일어날 때,

전자가 많이 나오는 쪽이 코발트의 S극

이라고 정의하면 된다. 다른 힘과 달리, 약한 상호작용은
홀짝성을 깬다.

[그림 54] 코발트 입자가 붕괴하면, 전자가 한쪽으로만 나온다. 코발트 입자를 작은 자석
으로 보았을 때, S극 쪽으로만 나온다. 이를 통해 자석의 S극을 정의할 수 있다.

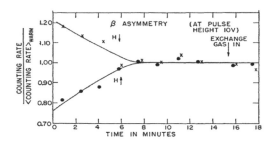

[그림 55] 홀짝성이 깨진다는 것을 처음으로 검증한 우젠슝의 실험 결과. 코발트 원자들
을 강력한 자기장에 넣어놓으면, 전자가 언제나 자기장의 반대쪽으로 방출된다. ⓒ 미국
물리학회

39장

오른손을 정의하는 방법,
오즈마 문제의 답

윌 로빈슨: 왼손을 들어봐.
자… 이번에는 오른손을 들어봐.

—〈로스트 인 스페이스〉, 시즌 1

이제 왼손과 오른손을 구별하는 법을 정리할 차례다. 다음
셋 가운데 둘을 알면 나머지 하나를 알 수 있다.

    1. 전기 (+)극과 (−)극의 구별

    2. 자극 N과 S극의 구별

    3. 왼손과 오른손의 구별

  이 가운데 두 가지를 정하는 법을 알았다. 1번, 전자가 띠
는 전하가 (−)극이라는 것을 알았으므로, 전류가 흐르는
방향을 알 수 있다. 전통적인 정의는 전자가 이동하는 반대

방향을 전류의 방향으로 정의한다. 2번, 앞 장에서 보았던 코발트의 붕괴와 같은, 약한 상호작용을 통해 N극과 S극을 정의할 수 있게 되었다.

전류가 흐를 때 그 주변의 자석이 돌아가는 것을 볼 수 있다. 이때 1번과 2번을 적용하면, 오른손을 알아낼 수 있다. 지구인에게는 다음과 같이 설명할 수 있다.

전류 방향으로 엄지손가락을 일치시키고 나머지 네 손가락을 감았을 때 나머지 손가락들이 N극을 가리키는 손이 바로 오른손이다.

오즈마의 문제로 돌아가 보자. 지구인과 안드로메다인이, 서로 공통적으로 아는 것을 이용하지 말고, 위아래를 말로만 설명할 수 있을까? 일단 다음과 같이 안드로메다에 있는 친구에게 전화로 왼쪽과 오른쪽을 구별하도록 이야기할 수 있다.

1. 안드로메다에서도 중력을 느낄 수 있을 것이므로, 위와 아래를 정의할 수 있다. 전선을 땅에 수직으로 세우면 물체가 떨어지는 방향이 아래, 그 반대 방향이 위가 된다.

2. 전자를 관찰할 수 있다면, (+)와 (−)를 알 수 있다. 전자는

둘 중 하나의 전하만 띠기 때문이다. 우리는 전자의 전하를
(−)로 약속할 수 있다.

3. 베타 붕괴를 보고 N극과 S극을 알게 되었다. 전자가 많이
나오는 쪽이 코발트의 S극 방향, 외부 자석이 N극 방향이다.
즉, 전자가 많이 나오는 쪽을 코발트라는 자석의 S극으로 정
할 수 있다.

4. 이 둘의 상대적인 관계를 통해 왼손과 오른손을 구별할
수 있게 되었다.

외계인의 손 모양이 어떤지는 모르니, 지구인처럼 오른
쪽을 알아낼 수는 없다. 하지만 이 상대적인 관계는 이 책
에서 보았던 여러 상대적인 관계를 통해, 다른 다양한 비대
칭 쌍에 적용할 수 있다. 이를 통해 지구인이 이해하는 왼
쪽과 오른쪽을 설명해 줄 수 있다.

그런데 오즈마 문제의 중요한 전제는, 지구인과 외계인
이 공통적으로 아는 비대칭 물체나 구조가 없어야 한다는
것이다. 둘 다 같은 모양의 손을 가지고 있다는 것을 알면,
다른 어떤 설명도 필요하지 않고 손 모양만 가지고 왼쪽과
오른쪽을 설명할 수 있다. 손이 아닌 것도 사실 마찬가지
다. 예를 들어, 외계인이 안드로메다인이 아니라 화성인이
어서 이들도 태양계의 행성 궤도를 볼 수 있다면, 이를 통

해 왼쪽과 오른쪽을 설명할 수 있게 된다. 그렇다면 우리는 이러한 비대칭 물체 없이, 왼쪽과 오른쪽을 근본적으로 구별하게 되었나? 아무것도 없이 처음부터 왼쪽과 오른쪽을 구별할 수 있는 것인가?

전자의 이동 방향을 통해 (+)와 (−)를 정할 수 있다고 했다. 그러나 이것이 가능하려면, 지구인이 보는 전자와 외계인이 보는 전자가 같다는 것을 보장해야 한다. 만약 외계인이 순수하게 반물질로 이루어진다면, 전자에 대한 그들의 정의는 지구인의 정의와 반대가 된다. 마찬가지로 중성미자와 베타 붕괴를 보고 N극과 S극을 결정하는 것이 가능하려면, 지구인이 보는 중성미자와 그들이 보는 중성미자가 같다는 것을 보장해야 한다. 그런데 두 중성미자가 같다면, 우리와 그들이 공통적으로 알고 있는 비대칭 구조가 없어야 한다는 오즈마 문제의 전제 조건을 어기게 된다.

그런데 우리는 (+)와 (−)가 원래 어떻게 다른지 알지 못한다. 전자가 둘 중 하나의 전하만 띤다는 것을 알 뿐이다. 더 근본적인 설명을 하려면, (+)나 (−) 같은 전하가 무에서 어떻게 탄생하는지를 알아야만 한다. 우리가 이야기하고 있는 외계인 친구가 반물질로 만들어진 세상에 살고 있다면, 왼쪽과 오른쪽은 반대가 된다.

결국, 지구인의 전자와 외계인의 전자가 같다는 것을 알

아내기 위해서는 서로 직접 비교해 보는 수밖에 없다. 왼쪽
과 오른쪽의 차이는 모른다. 적어도 지금은. 누군가가 정한
오른손을, 우리는 서로 비교하며 알아야 한다. 오른손을 아
는 모든 사람은 서로 이어져 있다.

40장

중성미자

**중성미자의 물리는
아무것도 보지 못하는 곳에서 많은 것을 배우는 기예다.**
—하임 하라리(이론물리학자)

앞서 홀짝성 위반을 살펴보았다. 궁금한 것은 왜 코발트의 베타 붕괴에서 전자가 한쪽으로만 나오는가 하는 것이다.

사실, 전자는 중요하지 않다. 숨은 주인공은 따로 있다. 기억력 좋은 독자라면, 베타 붕괴 과정에서 '너무 빨라 잘 안 보이는 입자'가 튀어나간다는 것을 기억할 것이다. 이 입자가 특정한 방향, 즉 코발트의 N극 방향으로 튀어나가는 것이고, 전자는 이 입자의 반대쪽으로 튀어나갈 뿐이다.

그 이유는 운동량이 보존된다는 성질로 이해할 수 있다. 잔잔한 호수에 나란히 떠 있는 두 척의 배를 생각해 보자. 어느 한 배 위에서 자신은 움직이지 않으면서 다른 배만 밀

수 있는 방법은 없다. 다른 배를 미는 동안 자신이 탄 배도 반대로 밀려난다. 실제로 해보면, 누가 누구를 밀든지 이 한 쌍의 배는 언제나 반대쪽으로 밀려난다. 베타 붕괴 과정에서도 마찬가지다. 가만히 있는 입자가 붕괴하며 너무 빨라 보이지 않는 입자가 한쪽 방향으로 튀어나가면, 나머지 입자인 전자는 반대 방향으로 튀어나갈 수밖에 없다. 코발트에서 니켈로 바뀌면, 이는 너무 빨라 보이지 않는 입자와 전자에 비해 아주 무거워서 움직이지 않는다.

[그림 56] 코발트-60이 붕괴하면 니켈-60이 되며, 한쪽에서는 전자가 나오고, 반대쪽에서는 반중성미자가 나온다.

너무 빨라 잘 보이지 않는 그 입자를 '반중성미자anti-neutrino'라고 한다. 반중성미자는 중성미자의 반입자라는 뜻이다. (반입자에 대해서는 44장에 설명이 나온다.) 전기힘을 통해 밀고 당김이 없는 중성이라 '중성자'라고 부르고 싶었지만, 그 전에 원자핵을 이루고 있는 무거운 중성 입자가 먼저 발견되어 중성미자는 그것에 '중성자'라는 이름을 빼앗겼다. 그 대신 중성미자에는 이탈리아 접미사로 '작은'을 나타내는 '-ino'가 붙어 'neutrino'라는 이름이 붙되었고, 한자 문화권에서는 '매우 작을 미' 자가 중간에 들어가 '중성미자'가 되었다.

그렇다면 왜 반중성미자는 코발트의 N극 방향으로만 튀어나갈까? 이를 이해하기 위해서는, 운동량 보존 법칙과 비슷한 각운동량 보존 법칙을 이해해야 한다. 관심 있는 읽는 이를 위해, 이는 41장에 설명해 놓았다.

따라서 안드로메다인이 베타 붕괴가 어떻게 일어나는지 알 뿐만 아니라, 그들의 과학기술이 중성미자를 관찰할 수 있을 만큼 발달했다면, 중성미자가 자전하는 방향이 왼손 방향이라고 알려주면 된다. 39장에서 이야기한 3번, 즉 왼손과 오른손의 구별을 직접 알려줄 수 있는 것이다.

일곱 · 자세한 이야기

41장

각운동량, 나선성

38장에서 홀짝성 붕괴를 증명한 코발트 붕괴 실험에 대해 알아보았다. 코발트-60이 붕괴할 때, 한쪽 극에서 전자가 많이 나오는 이유는 그 반대로 반중성미자가 나오기 때문이라고 했다. 이제 왜 그런지 알아보자.

힘을 받지 않고 날아가는 물체의 운동에서 운동량이 보존되듯, 힘을 받지 않고 돌아가는 물체의 운동에서는 각운동량이 보존된다. 각운동량은 이렇게 정의된다.

1. 각운동량의 크기는 물체가 돌아가기 힘든 정도와 돌아가는 빠르기, 즉 각속도의 곱이다.

2. 각운동량의 방향은 물체가 돌아가는 방향을 오른손의 네 손가락으로 감으면, 엄지손가락이 가리키는 방향이다.

1번을 살펴보자. 어떤 물체를 그 물체의 회전축에서 돌린다고 생각해 보자. 팽이의 머리꼭지를 잡고 팽이를 돌린다고 생각하면 쉽다. 물체가 무거워도 돌리기 힘들지만, 같은 무게라도 무게의 대부분이 회전축에서 멀리 떨어져 분포해도 돌리기 힘들다. 반대로, 물체를 축에서 돌리지 않고 옆을 밀어 돌린다면, 축에서 먼 곳을 밀수록 돌리기가 쉽다. 여닫이문의 손잡이가 회전축에서 먼 곳에 있는 이유는, 축에서 멀리 있는 부분을 미는 것이 문 열기가 더 쉽기 때문이다. 문이 붙어 있는 경첩 근처에서 문을 돌리려고 하면 돌리기 힘들다.

운동하는 동안 돌아가는 물체의 모양이 바뀌어도, 각운동량은 보존된다. 피겨스케이팅 선수가 이를 이용한다. 선수는 회전을 시작하며 팔을 벌리는데, 팔을 벌리면 회전축부터 멀리까지 몸이 퍼지므로, 상대적으로 돌리기 힘들 게 된다. 그러나 회전하는 동안 선수가 팔을 모으면 돌아가기 힘든 정도는 줄어드는데, 각운동량이 보존되므로 돌아가는 속도는 빨라진다.

그리고 35장에서는 중성자가 자석과 같이 행동하는 것

은 스핀이 있기 때문이라고 했다. 스핀은 각운동량이고, 물체가 회전하는 것과 같은 물리량을 가진다는 것이다. 입자의 스핀 방향이 자석의 N극이다.

우리에게 중요한 사실은, 반중성미자는 **언제나 날아가는 방향으로 스핀이 +1/2**이라는 것이다. 중성미자는 질량이 0인데, 질량 없는 물체의 각운동량은 보는 사람과 상관없이 언제나 날아가는 방향으로 스핀이 유지된다.

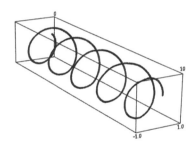

[그림 57] 중성미자는 언제나 날아가는 방향을 기준으로 왼손 법칙을 만족하는 스핀을 가진다. 스핀을 회전이라고 생각하면, 날아가는 것을 뒤에서 보면 시계 방향으로 돌아가는 것이다. 누가 보아도 이 방향인데, 중성미자는 빛의 속력으로 날아가므로 이보다 빨리 앞서갈 수는 없다. (그럴 수 있다면, 시계 반대 방향으로 돌아가는 것으로 보일 것이다.)

왜 그럴까? 상대성이론에 따르면,

1. 질량이 없는 입자는 언제나 자연의 근본 속력(빛의 속력)으로 날아간다.

2. 이 입자의 속도는 어떤 속도로 달리면서 보아도 같다.

그림 57에서처럼, 이 속도로 날아가면서 만들어지는 나
선을 생각해 보자. 그 뒤를

따라가면서 볼 때, 시계 방향으로

나선이 돌아간다고 해보자. 그러면 나선보다 더 빨리 날아
가 앞서갈 수 있다면, 나선이

뒤로 가면서 시계 방향으로 돌아가는 것으로

보일 것이다. 그러나 그런 일은 일어나지 않는다. 세상에
근본 속력보다 빨리 갈 수 있는 것은 없기 때문에, 이 입자
를 앞서갈 수는 없다. 따라서 시계 방향으로 돌아가던 나선
은 언제나 날아가는 방향으로 시계 방향으로 돌아간다.[55]
날아가는 방향을 기준으로 '돌아가는' 스핀의 방향을 '나
선성helicity'이라고 한다. 따라서 질량이 없는 입자는 나선성
을 보존한다. 날아가는 방향을 엄지손가락과 일치시키고,
스핀 방향을 나머지 손가락들로 감으면, 왼손 나선성과 오
른손 나선성을 정의할 수 있다. 날아가는 방향으로 따라가

며 볼 때, 중성미자는 반시계 방향으로만 도는 왼손 나선성을 갖는다. 자연은 왼손잡이인 것이다! 날아가는 방향으로 따라가며 볼 때, 반중성미자는 시계 방향으로만 자전한다. 따라서 반중성미자는 오른손 나선성을 갖는다.

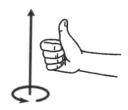

[그림 58] 또 손가락이 나왔다. 이번이 마지막이다. 입자가 날아가는 방향을 엄지손가락과 나란히 하고 스핀이 도는 방향을 나머지 손가락들과 일치시키면, 왼손과 오른손에 해당하는 나선성을 정의할 수 있다. 질량이 없는 입자는 나선성을 보존한다. 중성미자는 왼손 나선성을, 반중성미자는 오른손 나선성을 가진다.

이제 왜 코발트가 붕괴하면서, 전자가 코발트의 S극 방향으로만 나오는지 이해할 수 있게 되었다. 여러 물체가 서로 부딪쳐도 총 운동량과 각운동량은 보존된다. 코발트의 각운동량은 5, 니켈의 각운동량은 4이므로,[56] 총 각운동량이 보존되려면, 나머지 입자인 반중성미자와 전자의 각운동량의 합이 1이어야 한다. 반중성미자는 날아가는 방향으로 각운동량이 +1/2이다. 전자는 운동량 보존 때문에 반대로 날아가는데, 총 각운동량을 보존하려면 스핀이 −1/2일

수밖에 없다. 그러면 원래 코발트의 스핀 방향과 중성미자
가 날아가는 방향이 같다. 코발트의 S극 쪽으로 전자가 나
오는 이유다. 이 우주에서 중성미자가 한 방향으로만 돈다
는 것이 중요하다.

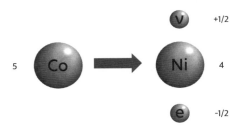

[그림 59] 코발트-60의 붕괴에서, 총 운동량과 총 각운동량은 보존되어야 한다. 반중성
미자는 언제나 진행 방향과 각운동량 방향이 같고, 각운동량의 1/2을 가져간다. 각운동량
을 보존하려면, 반중성미자는 코발트의 스핀 방향, 또는 자석으로서의 코발트의 N극 방
향으로 날아가야 한다. 운동량이 보존되기 위해, 전자는 언제나 반중성미자의 반대 방향
으로 나와야 한다. 따라서 전자는 자석으로서의 코발트의 S극 쪽으로만 나온다.

42장

—

못생긴 세상과 힉스 입자

나는 신이 나약한 왼손잡이라는 것을 믿을 수 없다.
―볼프강 파울리(1945년 노벨 물리학상 수상자)

이론물리학자들은 자연에 대한 편견을 가지고 있는 사람들이다. 자연을 있는 그대로 받아들인다면, 아무런 궁금증도 생기지 않으며 자연을 이해할 수도 없다. 자연이 마땅히 어떤 모양이어야 한다는 생각이 있어야, 그렇게 행동하지 않는 자연을 보며 문제를 제기할 수 있다. 예를 들어, 맥스웰 방정식의 토대도, 어떤 곳에 흘러 들어온 것이 있다면 그만큼 나가는 것도 있어야 한다는 보존 법칙이다. 무에서 유가 창조된다는 것은 받아들이기 힘들다. 성격을 보아도 물리학자들은 아르키메데스firchimedes의 후예들인데,[57] 홀짝성 위반에 대한 실험 결과를 듣고 이들은 분노를 일으켰다.

자연의 근본적인 현상 가운데 거울 속에서 뒤집히지 않는 것이 있다는 뜻이기 때문이다.

홀짝성 위반의 근원을 따라가 보면, 결국 원인은 세상의 모든 중성미자가 날아가면서 한 방향으로만 '돌아간다'는 데 있다. 앞 장에서 본 것처럼, 중성미자는 왼손 방향의 나선성을 가진다. 오른손 방향으로 돌아가는 짝이 없다. 반면, 전자는 왼손 나선성을 가진 전자와 오른손 나선성을 가진 전자가 있다. 자연은 왜 이렇게 못생겼을까.

상대성이론을 통해 알게 된 것은, 질량 없는 입자들은 빛의 속력으로 날아간다는 것이다. 질량이 있는 입자들도, 질량 없는 입자 두 개로 이해할 수 있다. 전자를 기술하는 가장 정확한 이론은 양자 마당 이론^{quantum field theory}이다. 이 이론에 따르면, 전자의 질량은 전자가 공간을 날아가면서 왼손 나선성 전자와 오른손 나선성 전자로 바뀌는 확률이다. 날아가면서 나선성이 자주 바뀌면, 그만큼 움직임이 둔하고 무거운, 즉 질량이 큰 입자다. 왼손 나선을 거울에 비추면 오른손 나선으로 보이므로, 이 둘은 양방향 대칭성을 가진다. 즉, 홀짝성 대칭성을 가지는 것이다.

약한 상호작용에서는 전자와 중성미자가 서로 바뀔 수 있다. 홀짝성 붕괴 실험을 더 면밀히 진행한 결과, (왼손 나선성을 가진 것밖에 없는) 중성미자는 왼쪽 나선성을 가진 전

자로만 바뀐다는 것을 알았다. 오른쪽 나선성을 가진 전자
로는 바뀌지 않는다. 그건 그렇고, 힘을 일으키는 반응이
일어나는데, 입자의 종류가 서로 바뀔 수 있을까? 이에 대
해 하이젠베르크는 대담하게,

두 입자로 보이는 것은 사실 **같은 입자의 다른 상태**

라고 주장했다. 이를 받아들이면, 왼손 나선성을 가진 전자
와 중성미자는 같은 입자의 다른 상태일 뿐이다. 이는 두
상태가 있는 입자이므로, 이를 '왼손 두 겹doublet 입자'라고
부르자. 오른손 나선성을 가진 전자는 하나밖에 없으므로,
'오른손 한 겹singlet 입자'라고 부를 수 있다. 이를 정리하면
다음과 같다.

  1. 왼손 두 겹 입자: 왼손 전자, 중성미자
  2. 오른손 한 겹 입자: 오른손 전자

질량

[그림 60] 양자 마당 이론에서는, 전자의 질량을 왼손 나선성을 가진 전자와 오른손 나선
성을 가진 전자가 바뀔 확률이라고 설명한다. 이 둘이 상호작용을 해야만 질량이 있다.

일곱. 자세한 이야기

　거울 반사에 대해, 왼손 두 겹 입자는 오른손 두 겹 입자가 되고, 오른손 한 겹 입자는 왼손 한 겹 입자가 된다. 질량을 가진 상호작용을 하려면, 거울상이 있어야 한다. 두 겹 입자는 오른손 쌍이 없고, 한 겹 입자는 왼손 쌍이 없어 질량을 가질 수 없다.

[그림 61] 전자와 달리, 전자-중성미자가 통합된 입자는 홀짝성 대칭이 없기에 거울상이 없다. 따라서 질량을 가질 수 없다.

　양성자, 중성자, 전자 그리고 중성미자를 기술하는 이론은 궁극의 이론이 아닌 것으로 보인다. 각설탕 두 개가 부딪쳐 깨지는 것을 이해하기 위해, 설탕을 이루는 원자의 구조를 알 필요는 없다. 각설탕을 적당한 크기의 알갱이가 적당한 끈적임으로 결합한 것으로 생각해도, 각설탕이 견디는 강도와 부서지는 모양을 이해할 수 있다. 이 경우, 각설탕의 운동을 기술하는 이론은 유효 이론effective theory이다. 이 이론에는 한계가 있는데, 설탕 분자 크기쯤 되는 현상은 기술할 수 없다. 이보다 큰 크기만 기술할 수 있다. 설탕 입자의 끈끈함과 알갱이의 크기는 설탕 분자의 크기보다 훨씬 큰 것이 자연스럽다. 유효 이론의 철학은 다음과 같다.

1. 대칭이 금지하지 않으면, 상호작용이 있다.

2. 상호작용은 자연스러운 크기로 일어난다.

특히, 유효 이론에서는 나선성이 왼쪽, 오른쪽으로 계속 바뀌는 질량을 가질 수 없다. 따라서 게이지 대칭성 때문에, 입자들은 질량이 없어야 한다. 만약 전자가 질량을 가질 수 있다면, 전자가 표준 모형이 유효한 크기인 $10^{18} \mathrm{GeV}/c^2$ 정도의 질량을 갖는 것이 자연스럽다. 아쉽게도 이는 관측되는 전자의 질량을 설명할 수 없다.

그러나 이 세상에는 힉스 마당higgs field이 있다. 힉스 마당은 쌍을 이루는 입자들인데, 대칭성에 따라 왼손 두 겹 입자와 오른손 한 겹 입자와 힉스 입자는 한꺼번에 상호작용할 수 있다.

[그림 62] 2(왼쪽)과 1(오른쪽)은 상호작용 할 수 없지만, 힉스 입자와 함께 세 입자들의 무리는 상호작용 할 수 있다.

힉스 마당이 대칭 깨짐의 위치에 있다면, 왼손 두 겹 입

자, 오른손 한 겹 입자, 힉스 입자의 상호작용은 전자(왼쪽)
와 전자(오른쪽)의 상호작용이 되어 힉스 입자의 진공 기댓
값에 질량이 비례한다. 앞서 보았던, 전자의 질량을 주는
상호작용을 하게 된 것이다. 이제, 전자의 질량은 힉스 입
자가 얼마나 크게 상호작용 하는지와, 진공 기댓값이 얼마
인지로 결정된다. 즉, 힉스 마당은

전자가 가벼울 수 있다

는 것을 설명한다. 그러나 여전히 **왜 가벼운지**는 설명하지
못한다. 전자의 질량을 힉스 마당의 활동으로 옮겨놓았기
때문이다. 이를 '위계 문제hierarchy problem'라고 한다.

43장

전하는 몇 종류인가[58]

> 한 마리 코끼리가 거미줄에 걸렸네
> 신나게 그네를 탄다네
> 너무너무 재미가 좋아좋아 랄랄라
> 다른 친구 코끼리를 불렀네
>
> —작자 미상, 〈코끼리와 거미줄〉

전기의 극이 두 개가 있다고 했다. 이를 증명할 수 있을까?
먼저, 극이 더 많이 필요하지 않다는 것은 아래처럼 알 수
있다.

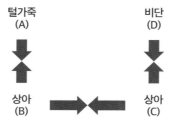

[그림 63] 전기의 극성이 몇 개 필요한지 알아보는 생각 실험. 세 물체를 가지고 밀고 당기는 경우의 수를 따져본다. 전하가 물질에 따라 결정되는 것이 아니므로, 네 개의 전하를 가정했다.

앞의 대전 문제로 돌아가 보자. 우리는 다음을 관찰할 수 있다.

1. 털가죽과 상아를 문지르면, 이들은 서로 당긴다. 서로 다른 전하끼리는 당기므로 털가죽의 전하를 A, 상아의 전하를 B라고 하자.

2. 비단과 상아를 문지르면, 이들은 서로 당긴다. 역시 서로 다른 전하를 띠고 있다. 그러나 우리는 이들이 띤 전하가 앞의 A, B와 어떤 관계가 있는지 모른다. 따라서 상아의 전하를 C, 비단의 전하를 D라고 하자.

3. 특히, 상황에 따라 상아가 띠는 전하가 다를 수도 있다고 가정해야 한다. 즉, B와 C는 다를 수도 있다고 보아야 한다. 실제로 이들을 서로 가져가 보면 서로 당긴다. 즉, B와 C는 다른 전하다.

B는 A와도 다르고, C와도 다르다. 그런데 A와 C가 같다면 모순이 없을까? 여전히 B는 A와도 다르고 C와도 다르다. 털가죽과 상아, 즉 C가 서로 밀어낸다면, 이들은 같은 전하다. 마찬가지 논리로, A와 C가 서로 밀어낸다면 이들은 서로 같은 전하다. 따라서,

A = C, B = D이고 전하는 두 종류다.

이를 역사적으로 '(+)'와 '(−)'라고 부른 것이다. 이를 통해 전하가 (+)와 (−)가 단 두 개만 있으면 된다고 증명했다고 할 수는 없다. 만약 B와 D가 서로 밀어내지 않고 당긴다면, 이들은 다른 전하여야 한다. 두 전하로만 이 세상을 설명할 수 없다. 이 실험에서는 털가죽과 비단, 상아만으로 실험했기에, 운이 좋아 두 전하만으로도 모든 현상을 설명할 수 있었다. 하지만 이 세상 모든 물질에 대해서도 이렇게 설명할 수 있을까? 운이 좋아 지금까지는 모든 것을 설명할 수 있었지만, 아직 발견되지 않은 새로운 물질은 제3의 전하를 띨 수 있다. 지금까지의 설명은 귀납적인 설명이다. 더 근본적인 이유로 전하가 두 개만 있어야 한다면, 확실히 두 개라고 말할 수 있을 것이다. 이는 다음 장에서 살펴볼 것이다.

44장

반입자

"우리 포지트론 라이플로는 그런 큰 출력에 견딜 수 없어."
―〈신세기 에반게리온〉

앞 장에서 두 종류의 전하가 있다는 것을 배웠다. 어떤 사람은 두 개도 많다고 생각할 수 있다. 음전하는 양전하가 부족한 상태로 이해할 수 있었다. 예를 들어, 소금을 녹이면 물속에서 나트륨과 염소 이온으로 분리된다. 원래 나트륨 원자는 전기적으로 중성이지만, 물에 녹은 나트륨 이온은 양전하를 띤다. 나트륨 원자에서 전자를 하나 잃으면 나트륨 이온이 된다.

1932년까지 우리가 알고 있었던 자연은 단 세 개의 입자로 이루어졌다. 양성자, 전자, 중성자. 이를 통해, 주기율표에 있는 모든 원소를 설명할 수 있었다. 그런데 양성자와 전자가 결합한 것을 중성자로 볼 수는 없었다. 양성자와 중성자가 전기적으로 결합한 것은 수소 원자다. 전자가 근본적으로 음의 전하를 가지고 있다면, 양성자는 근본적으로 양의 전하를 가지고 있는 것이 분명했다. 물론, 이것이 이야기의 끝은 아닐 것이다. 만약 양성자와 전자를 근본적인 단위 하나로 설명할 수 있게 된다면, 전하의 본질도 이해할 수 있을 것이다.

전하를 수로 나타내면 좋은 점이 많았다. 비단과 상아를 문질러서 대전시킬 때 일어났던 일을 다시 살펴보자. 상아가 양으로 대전되는 이유는, 전자가 빠져나갔기 때문이다. 식으로는,

$$0 - (-1) = (+1)$$

처럼 표현할 수 있을 것이다. 물론 아무것도 없는 상태에서 전자가 빠져나간 것이 아니라, 상아를 이루는 원자들에서 양전하를 띤 물질과 음전하를 띤 전자의 개수가 같았던 상태에서 전자 하나가 빠져,

$$1,000 + (-1,000) = 0 \rightarrow 1,000 + (-999) = +1$$

처럼 남은 것이다.[59] 전자가 자유롭게 움직이는 상태가 아닌 한, 원자에만 묶인 상태에서 전자를 강제로 빼내면 물체 단위가 아닌 원자 단위로 전자의 빈 공간이 생긴다. 이를 '정공electron hole'이라고 한다. 전자가 하나 없는 상태를, 양의 입자가 하나 있는 상태처럼 다루어도 별 불편함이 없다.

그렇다면 원자가 하나도 없는 진공 상태에서 전자를 뺄 수도 있을까? 이 책에서는 다루지 않지만, 상대성이론을 고려하면 그런 상태를 생각해야 한다. 상대성이론에서는 (1) 두 물체가 직접 접촉하며 이루어지는 상호작용이 빛의 속력보다 빨리 이루어지면 안 된다. (2) 시간과 공간이 대등하게 취급되기 때문에, 시간이 지나 이루어지는 일이 있으면, 공간이 떨어져 이루어지는 일도 있어야 모순이 없다.

그런데 (1)과 (2)를 같이 생각하면, 빛의 속력으로 도달하지 못하는 먼 공간에 빛의 속력보다 빠르게 전달되는 일이 생기며 모순이 일어난다. 그러나 진공에서 전자가 하나 빠진 상태를 생각해 이를 '반전자anti-electron'라고 부르고, 빛의 속력보다 느린 상호작용을 통해 전자와 반전자가 같이 생기고 소멸하기를 반복한다면, 위의 모순을 해결할 수 있다. 즉, 전자기학에 상대성이론을 도입하면,

모든 입자는 전하가 반대인 반입자를 가진다.

코발트 원자가 붕괴할 때 튀어나오는, 너무 빨리 움직여 잘 보이지 않는 입자는 반중성미자인데, 이는 중성미자의 반입자다. 전자의 반입자는 특별히 '양전자positron'라고 부른다. 양전자를 다루는 것은 신비로운 일로 여겨졌지만 이제는 쉽게 만들 수 있으며, 방사선 치료에도 쓰인다. 양전자를 이용해 단층촬영 하는 것은 'PETpositron emission tomography'라고 한다.

앞서 말한 것처럼, 입자와 반입자는 전하가 반대다. 또 이들은 왼손, 오른손과 같은 쌍이다. 질량이 없는 어떤 입자(예컨대, 중성미자)의 나선성이 왼손이라면, 그 반입자(예컨대, 반중성미자)의 나선성은 오른손이 된다. 입자와 반입자가 만나면 모든 대응되는 것이 상쇄되어 아무것도 없는 것과 같은 상태가 된다. 따라서 두 입자의 모든 성질은 반대다. 전하는 양과 음이 만나 0이 된다. 또 나선성도 서로 만나 0이 된다. 시계 방향으로 감았던 나선을 다시 반시계 방향으로 감으면 나선은 풀어진다. 다만, 질량은 에너지라서 빛이나 소리로 변환된다. 이렇게 입자와 반입자가 만나 소멸하는 것을 '쌍소멸pair annihilation'이라고 한다.

45장

거울, 더 높은 차원

> "나는 실로, 어떤 의미에서는 원입니다." 대답하는 목소리가 들렸다.
> "그리고 플랫랜드의 어떤 것보다도 더 완벽한 원입니다.
> 그러나 더 정확히 말하면 나는 여러 원들이 하나인 것입니다."
>
> —에드윈 애벗, 『플랫랜드』(1884)

더 높은 차원에서는 왼손을 잘 뒤집어 오른손으로 만들 수 있다. 그런 공간을 생각하기는 힘들지만, 더 낮은 차원에 있는 것을 뒤집어 보며 유추할 수 있다. 예를 들어, 알파벳 L 자는 평면에 쓰인다. 이 글자를 평면에서 아무리 돌려도 뒤집힌 L 자를 만들 수 없다(9장). 그러나 이 글자가 공간에서 움직일 수 있다면, 그림 64에서처럼 뒤집힐 수 있다.

주의할 것은 이 과정이 종이를 뒤집는 것과 비슷하지만 실제로는 다르다는 것이다. L을 종이에 쓰고 종이를 뒤집으면 종이의 뒷면만 보이게 된다. 마음속으로 종이를 생각하지 않고 **글자만 뒤집어야** 한다.

[그림 64] 평면 위에 쓰인 알파벳 L을 생각하자. 이는 양방향 대칭이 없기에, 평면 위에서 아무리 돌려도 뒤집을 수 없다. 그러나 3차원 공간 안에서는 뒤집을 수 있다.

공간의 성질을 이해하기 위해서는, 차원이라는 개념이 필요하다. 선은 1차원, 면은 2차원, 우리가 사는 공간은 3차원이다. 차원은,

움직일 수 있는 방향이 최소한 몇 개 있는가

로 정의할 수 있다. 평면은 움직일 수 있는 방향이 두 방향밖에 없으므로 2차원으로 정의된다. 동, 서, 남, 북, 이렇게 네 방향이 있고, 그 사이에도 북동, 북서와 같은 방향이 있으며, 더 잘게 나누어 그 사이에 북북서, 북서서도 넣을 수 있기에 마치 방향이 무한히 있을 것만 같다. 그러나 음수를 사용하면, 반대로 가는 것은 새로운 방향으로 정의되지 않는다. 예를 들어, 서쪽으로 1미터 이동하는 것은 동쪽으로 −1미터 이동하는 것으로 볼 수 있다. 또, 북동쪽으로 가는 것은 북쪽으로 조금 가고 동쪽으로 조금 나누어 가는 것으

로 볼 수 있다. 따라서 최소한의 방향만 따지면, 평면에서는 두 방향만 남는다.

공간의 3차원은 여기에 위아래 방향을 추가해 만들 수 있다. 앞서 평면에서만 글자를 돌리면 홀짝성은 바뀌지 않는다고 했다. 그러나 언제나 한 차원이 더 있으면 홀짝성을 바꾸며 글자를 돌릴 수 있다.

질문: 그림에서 L이 3차원 공간에서 뒤집히는데, 왜 손은 3차원에서 뒤집히지 않는가?

일단, L 자를 뒤집을 때도 글자를 쓴 종이를 생각하지 않고 글자만을 생각했다. 왼손과 오른손도 2차원에 그려져 있다면, 이런 방식으로 3차원에서 뒤집을 수 있다.

[그림 65] 차원이 하나 더 있으면, 왼손과 오른손을 바꿀 수 있다.

그러나 이렇게 말고, 직접 뒤집어 보는 방법도 있다. 이를 알아보기 전에, 다음과 같은 질문을 먼저 생각해 보자.

질문: 거울 앞에서 오른손을 들면, 거울 안의 나는 왼손을 든
다. 왼쪽과 오른쪽이 바뀐 것이다. 그런데 왜 위와 아래는 바
뀌지 않는가?

[그림 66] 거울 나라의 앨리스. 원제는 '거울 속으로Through The Looking Glass'. 거울 나라
로 들어가면 무언가가 바뀐다. 존 테니얼John Tenniel 그림.

예를 들어, 거울에 알파벳 b를 쓴 종이를 비추면, 거울 안
의 나는 알파벳 d를 쓴 종이를 들고 있는 것처럼 보인다. 그
런데 왜 좌우만 뒤집히고 위아래는 뒤집히지 않을까? 예를
들어, 왜 b 자를 비추면 p 자처럼 보이지 않을까? 더 이상한
것은 종이를 90도 돌려보면, 이번에는 b 자가 p 자처럼 보
인다. 이번에는 위아래만 뒤집히고 좌우는 뒤집히지 않았
다. 그러나 이 둘은 차이가 없다. 내가 어떻게 보는지만 바
뀌었을 뿐이다.

답: 거울은 좌우를 바꾸지 않는다. 거울은 앞뒤를 바꾼다.

거울을 보는 나와 거울 속에 있는 나를 위에서 내려본다고 생각해 보자. 내 배는 등보다 앞에 있지만, 거울 속의 내 배는 (거울 바깥의 나의 기준으로) 등보다 뒤에 있다. 손도 마찬가지다. 내 오른손은 거울 속의 왼손처럼 보인다. 이는 왼쪽과 오른쪽이 바뀌어서 그런 것이 아니라, 앞뒤가 바뀌었기 때문에 그렇다.

2차원의 도형은 선대칭에 대해 비대칭인 도형을 만들 수 있지만, 이는 3차원에서 뒤집을 수 있다. 사람의 손은 3차원이고 거울 면에 대해 비대칭인 것처럼 보이지만, 여기에서 **비대칭인 요소는 두 차원에만** 있다. 우리 몸과 거울에 비친 몸을 위에서 내려다보면, 그 모습에 모든 비대칭 요소가 들어 있다는 것을 알 수 있다. 나머지 한 차원은 거울 반사에 따라 변하지 않는다. 따라서 변하지 않는 차원을 무시하면,

왼쪽과 오른쪽이 구별되는 물체, 즉 홀짝성에 대해 홀인 물체는 2차원에만 있다.

4차원도 있을까? 우리가 움직일 수 있는 공간의 방향의 수가 최소 4이면 된다. 일상생활에서는 세 방향으로만 움직일 수 있지만, 마음속으로 네 방향으로 움직이는 공간을 받아들일 수 있다. (받아들일 수는 있어도, 직관적으로 상상할 수

는 없다.) 예를 들어, 지구상에서 우리의 위치는 위도, 경도, 고도라는 세 개의 수로 나타낼 수 있다. 따라서 위치를 네 개의 수로 나타낼 수 있는 공간을 생각하고, 비슷하게 거리를 정의할 수도 있다. 그러나 이런 공간을 실제로 떠올리고 마음속으로 볼 수 있는 사람은 지금까지는 없었다. 수학이 인간보다 이런 공간을 더 잘 알고 있다.

이 세상이 더 높은 차원으로 이루어져 있으며 그중에서도 우리가 3차원 공간만 본다는 생각은, 19세기 말의 『플랫랜드flatland』에도 등장할 만큼 오래된 생각이다. 이를 물리에 구체적으로 도입해 힘을 통일한 것이 칼루차Theodore Kaluza와 클라인Oskar Klein의 이론이다. 개념은 단순하지만 수식은 복잡하므로, 개념만 소개하기로 한다.

만약 덧차원extra dimension이 있다면 진작 관찰되었을 텐데, 그렇지 않았다. 그런데 그 이유가 여분의 차원이 유한하고 작아서, 무언가가 덧차원으로 빠져나가 보이지 않기 때문이라고 설명할 수 있다. 덧차원이 단 하나 있고, 가장 단순한 형태인 원이라고 생각해 보자. 중력의 일부가 원 위로 퍼져나간다면, 우리에게는 이것이 전자기힘으로 보인다. 중력을 매개하는 중력자의 스핀이 2이고 전자기힘을 매개하는 광자의 스핀이 1이기 때문에, 스핀 1만큼 덧차원으로 빠져나간다고 할 수 있는 것이다. 즉, 중력만 있으면 전자기힘도 설명할 수 있다! 물론 두 스핀이 모두 3차원 공간에 있다면, 이는 여전히 중력자로 보일 것이다.

덧차원을 포함한 4차원 공간, 또는 시간까지 포함한 5차원 공간에 입자가 산다면, 입자의 일부도 덧차원에 살 것이다. 덧차원은 원형이기에, 입자의 빠르기(운동량)는 수소 원자처럼 특정한 빠르기의 정수배일 수밖에 없다. 칼루차와 클라인의 방법으로 중력을 전개해 보면,

우리 세상의 입자의 전하 = 덧차원에서의 입자의 빠르기

로 설명할 수 있다. 만약 이것이 전하의 본질이라면, 전하는 단 하나의 수로 표현되며, 음의 전하는 덧차원에서 한 방향의 반대 방향으로 움직이는 것으로 설명할 수 있다.

전기 전하는 하나

라고 볼 수 있는 것이다. 끈이론을 통해, 덧차원의 존재는 간접적으로 증명되었다. 끈이론, 상대성이론, 양자역학이 서로 모순이 없으려면, 끈은 아주 높은 차원에서 살아야 한다. 세상을 설명하는 방법이 조금 더 복잡할 뿐, 끈이론은 칼루차와 클라인의 방법과 사실상 다르지 않다.

46장

시간 흐름

시간은 모든 사건이 한꺼번에 일어나지 않도록 해주는 것이다.
—존 아치볼드 휠러(이론물리학자)

훌쩍 대칭 또는 양방향 대칭에 쓰이는 거울 뒤집기는 한 방
향을 뒤집는 것이라고 했다. 시간에 대해서도 같은 것을 생
각할 수 있을까? 시간을 뒤집는다는 것은 시간이 반대로
흐르게 하는 것이다.

놀랍게도, 이 세상에서 일어나는 일은 모두 시간 뒤집기
에 대한 대칭을 가지고 있다. 예를 들어, 한 어린이가 공을
던지는 모습을 비디오카메라로 찍는다고 하자. 이 영상을
거꾸로 재생하면 영상이 거꾸로 재생되는 것을 알 수 있을
까? 영상을 원래대로 재생하면, 공이 포물선을 그리며 날
아갈 것이다. 영상을 거꾸로 재생하면, 공이 반대 방향으로

날아갈 것이다. 이때 공이 날아가는 모습만 보고도 영상이 거꾸로 재생되는지를 알 수 있을까?

실제로 해보면, 공이 날아가는 포물선은 정확히 대칭이어서, 영상을 **거꾸로 재생해도 포물선의 모양은 같다.** 오른쪽에 있는 누군가가 공을 왼쪽으로 던진 것과 **똑같다.** 다만, 끝부분에 공을 잡는 모습이 아니라 던지는 모습이 찍히겠지만, 능숙한 투수는 던지는 것과 똑같은 모습으로 잡는 것을 연기할 수 있을 것이다. 따라서 공을 던지는 것으로는 시간의 흐름이 반대로 가는 것을 알 수 없다. 따라서,

공이 날아가는 자연 법칙은 시간 뒤집기에 대해 대칭이다.

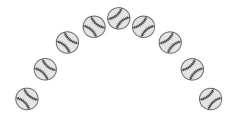

[그림 67] 공이 날아가는 장면을 비디오카메라로 찍어서, 시간을 거꾸로 해 영상을 재생해도, 공이 날아가는 모습은 어색하지 않다. 공이 날아가는 법칙인 뉴턴의 운동 법칙은 시간의 방향을 뒤집어도 같은 대칭을 가진다.

중력(14장)이 개입된 현상은 어떨까? 비탈에서 굴러 내려오는 공은 점점 빨라진다. 비디오카메라로 이 모습을 찍

어 영상을 거꾸로 돌리면, 비탈 위로 공이 굴러 올려가며 점점 느려지는 모습이 재생된다. 실제로도 비탈 아래에서 공을 굴려 올려보내면, 정확히 똑같은 일이 일어난다. 전기가 흐르는 것, 자석이 돌아가는 것 모두 시간 흐름을 뒤집어도 같은 일이 일어난다.

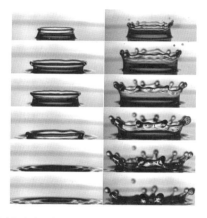

[그림 68] 물방울이 얇은 층의 물에 떨어져 만드는 왕관 모양. Kittel 외 (2018).

그런데 셀 수 없이 많은 물체가 임의로 상호작용 하는 모습을 보면 시간 흐름을 구별할 수 있을 것도 같다. 그림 68의 사진을 아래에서부터 위로 올라가면서 보면, 시간을 거꾸로 돌려 본다는 것을 알 수 있다. 이 사진에는 나오지 않았지만, 왕관 모양의 물이 물방울 하나로 모여 위로 튀어오르는 모습을 보면 더욱 그럴 것이다.

물방울들이 만드는 모양은 시간이 지나면서 점점 복잡해진다. 질서 있는 상태를 가만히 놓아두면 무질서한 상태로 자연스럽게 진행하지만, 무질서한 상태를 놓아둔다고 해서 자발적으로 질서 있는 상태가 되지는 않는다. 이렇게 복잡성은 (엄밀하게 정의하지는 않았지만) 시간이 지나면서 늘어난다.

그렇다면, 물을 지배하는 자연 법칙은 시간 역전에 대해 대칭이 아니라는 것일까? 그렇지 않다. 야구공 하나를 지배하는 자연 법칙이 시간 역전에 대해 대칭이면, 야구공 두 개도, 열 개도, 수십억 개도 시간 역전에 대해 대칭인 똑같은 자연 법칙이 지배하기 때문이다.

문제는 이렇게 많은 입자들의 행동에, 입자 하나의 행동도 큰 영향을 미친다는 것이다. 이 모임은 민감하다고 할 수 있다. 예를 들어, 공 세 개를 정삼각형의 꼭짓점 위에 놓고 그 정삼각형의 중심으로 굴려보자. 아주 잘 조절해서, 공들을 완전히 똑같은 속력으로 정확히 중심을 향해 굴린다면 이들은 서로 부딪치며 멈출 것이다.

그러나 어느 공 하나라도, 방향이 조금이라도 다르거나 속력이 조금이라도 빠르거나 느리면, 세 공은 한 번에 멈추지 않고 제멋대로 튈 것이다. 물방울을 떨어뜨릴 때도 마찬가지다. 모아진 공들이 임의로 퍼지는 것이다. 그러나 물방울을 다시 원래대로 만들려면, 퍼진 물방울들이 정확히 속도가 상쇄되어 모여야 한다. 약 10^{23}개의 물방울 입자들 가운데 어느 한두 개라도 방향이나 속도가 어긋난나면, 전체가 망가지고 말 것이다. 따라서 엄청나게 큰 숫자의 물체들이 상호작용 할 때는 무질서가 늘어날 수밖에 없다.

이를 다른 말로 하면, 물방울 하나하나를 지배하는 자연 법칙은 시간 역전에 대해서 대칭이나, 이들이 모인 거시적 현상은 시간 역전에 대한 대칭이 없는 것처럼 보인다.

따라서 거시적 현상을 통해 시간이 한쪽 방향으로 흐르는 것을 볼 수 있다.

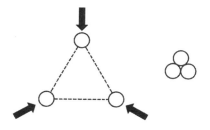

[그림 69] 시간의 화살. 미시 세계에서 어색하게 보이지 않았던 시간 역전이 거시 세계에서는 이상하게 느껴진다. 그 이유는 다루고자 하는 대상이 많아지면 '모든 것이 맞아떨어지기' 힘들기 때문이다.

참고 문헌

이 책에 절대적인 영향을 미친 두 권의 책이 있다.

1. 마틴 가드너, 『마틴 가드너의 양손잡이 자연세계』, 까치, 1993. (Gardner, Martin. (2005). *The New Ambidextrous Universe: Symmetry and Asymmetry from Mirror Reflection to Superstrings*. Dover Publication.)
2. 헤르만 바일, 『대칭』, 은명, 2015. (Weyl, Hermann. (1952). *Symmetry*. Princeton University Press.)

글쓴이는 많은 부분을 가드너의 책에서 배웠다. 이 책의 많은 내용이 가드너의 책과 비슷할지 모르겠다. 그러나 가드너의 책도 바일의 책에서 큰 영향을 받았다. 이 책에서는 가드너의 책과 달리, 오즈마 문제의 다른 답을 제시한다.

대칭에 대한 몇 가지 다른 책을 더 소개한다.

· Abbott, A. (1884). *Flatland*. Seeley & Co. (에드윈 애벗, 『플랫랜드』, 늘봄, 2009. 에드윈 애벗, 『이상한 나라의 사각형』, 경문사, 2003.)

애벗의 플랫랜드는 고전이고, 저작권이 없어 쉽게 구할 수 있다. 번역 판이 많이 나왔지만 절판을 거듭해 왔다.

· 앤서니 지, 『놀라운 대칭성』, 범양사, 1994. (Zee, Anthony. (2007). *Fearful Symmetry*. 2nd edition. Princeton University Press.)

다음은 본문에 인용된 참고 문헌이다. 이 책의 주된 내용은 중·고등학교 과학 교과서의 전자기에서 다루는 내용들이다. 이와 관련된 참고 문헌이나 영상을 참조하는 것이 좋다. 그러나 이 책에 있는 내용을 알려주는 책은 없는 것 같아 이 책을 썼다.

· 칼 세이건, 『코스모스』, 사이언스북스, 2006.
· 최강신, 『빛보다 느린 세상』, MID, 2016. (상대성이론에 대한 책.)
· 최강신, 『우연에 가려진 세상』, MID, 2018. (양자역학에 대한 책.)
· Baker, D. J. (2012). ""The Experience of Left and Right" Meets the Physics of Left and Right." *Noûs*, 46(3), 483-498.
· Fernandez, Elizabeth. (2019). "How Could We Decode A Message From Extraterrestrials?" *Forbes*, July 21. https://www.forbes.com/sites/fernandezelizabeth/2019/07/21/how-could-we-decode-a-message-from-extraterrestrials/
· Kant, Immanuel. (1768/1992). "Concerning the Ultimate Ground of the Differentiation of Directions in Space." in Waldorf, D. and R. Meerbote (eds.). *The Cambridge Edition of the Works of Immanuel Kant: Theoretical Philosophy 1755–1770*, Cambridge: Cambridge UP, 377–416. (칸트의 왼손과 오른손에 대한 질문.)
· Lee, T. D., & Yang, C. N. (1956). "Question of Parity Conservation in Weak Interactions." *Physical Review*, 104(1), 254. (홀짝성이 깨졌다는 것을 제시한 논문.)
· Quote Investigator. "All Science Is Either Physics or Stamp Collecting." https://quoteinvestigator.com/2015/05/08/stamp/.
· Stratton, George. (1896). "Some Preliminary Experiments on Vision without Inversion of the Retinal Image." *APA PsycNET*: 1. (위아래가 바뀌는 안경을 가지고 진행한 최초의 실험. 실험의 소개와 결과에 대해서는 위키백과의 다음 항목을 살펴보라. https://en.wikipedia.org/wiki/Upside_down_goggles.)

· Walker, John. "Self-Decoding Messages." https://www.fourmilab.ch/goldberg/setimsg.html. (아레시보 메시지처럼, 메시지를 받는 이가 사전 지식 없이 해독하는 방법을 논의한 사이트.)

· Weinberg, Steven. (2003). *The Discovery of Subatomic Particles*. revised edition. Cambridge University Press.

· Wikipedia. "There ain't no such thing as a free lunch." https://en.wikipedia.org/wiki/There_ain%27t_no_such_thing_as_a_free_lunch. (세상에 공짜 점심은 없다는 속담의 유래.)

· Wikipedia. "Composition of the human body." https://en.wikipedia.org/wiki/Composition_of_the_human_body. (우리 몸의 구성 원소.)

· Wu, C. S., Ambler, E., Hayward, R. W., Hoppes, D. D., & Hudson, R. P. (1957). "Experimental Test of Parity Conservation in Beta Decay. *Physical review*, 105(4), 1413. (홀짝성 위반을 처음 실험한 논문.)

· Zoroddu, M.A. 외. (2019). "The Essential Metals for Humans: A Brief Overview." *Journal of Inorganic Biochemistry*, 195: 120–129. (우리 몸의 구성 원소에 대한 논문.)

주

1   이러한 의문을 가진, 딘 켐벨Dean R. Campbell을 비롯한 왼손잡이들은 국제왼손
　 잡이협회를 만들었다. 캠벨의 생일인 8월 13일은 국제 왼손잡이의 날로 지킨
　 다. 왼손잡이들은 오른손 위주로 제작된 물건들(특히 1장의 컵)에 반발해, 왼손
　 잡이 용품을 만들고 판다. 그중 하나가 왼손잡이의왼손상점Lefty's Left Hand Store
　 이다. (https://www.leftyslefthanded.com)

2   이상하게도 왼쪽left이라는 뜻이야말로 나머지라는 뜻이다. 영어권에서 오
　 른손을 옳은 손right hand이라고 할 뿐만 아니라 우리말도 똑같이 '오른'이라
　 는 말이 바르다는 뜻이다. 가끔 오른손을 '바른손'이라고 하는 것을 알 수 있
　 다. 옳은 손을 고르고 나면, 남는 손이 왼손이다. 우리말로 '왼'은 틀렸다는
　 뜻도 가진다.

3   위키백과의 아레시보 메시지 항목을 참조하라. (https://ko.wikipedia.org/wiki/
　 아레시보_메시지)

4   드레이크 방정식Drake equation은 우주의 크기, 그 안의 행성 개수, 그 안의 지
　 적 생명체가 있는 문명의 개수, 그 가운데 지구에 신호를 보낼 수 있을 정도
　 로 통신 기술이 발달한 문명의 개수를 추정하는 방정식이다. 이는 이탈리아
　 물리학자인 엔리코 페르미Enrico Fermi로 인해 유명해진 추론 방법으로 추정
　 한다. 가령, 한국에 이발사가 몇 명 있는지를 알아낼 때, 이발사를 다 조사해
　 서 알아내는 것이 아니라, 인구수와 사람들이 머리를 얼마나 자주 깎는지를
　 가지고 추정할 수 있다. 정확한 숫자를 알 수는 없지만, 크게 차이 나지 않는
　 결과를 준다(10분의 1에서 열 배 이내로 틀린다). 드레이크 방정식의 결과는, 우
　 리에게 신호를 보낼 만한 문명이 몇 개쯤 있다는 것이다. 위키백과의 드레
　 이크 방정식 항목을 참조하라. (https://ko.wikipedia.org/wiki/드레이크_방정식)

5   안타깝지만 이 책을 쓰고 있던 2020년에 아레시보 망원경이 완전히 무너졌

다. 망원경이 무너지다니 무슨 말인가? 안테나의 지름이 300미터가 넘고, 높이도 150미터가 넘기 때문에, 이는 도구라기보다는 건축물에 가깝다. 그동안 유지, 보수를 하지 못해서 안테나를 지지하고 있던 케이블이 끊어진 것이다.

6 Fernandez(2019)를 참조하라.

7 사람과 오징어의 눈이 다른 진화 과정을 거쳐 비슷한 구조로 진화했다. 이를 '수렴 진화'라고 한다.

8 이를 '스스로 풀리는 메시지self-decoding message'라고 한다. Walker의 글을 참조.

9 인터넷을 찾아보면 옆으로 눕거나 뒤집힌 그림도 만만치 않게 많다. 그림이 뒤집혔는지, 그림의 위가 어디인지는 어떻게 알 수 있을까?

10 2016년에 개봉한 드니 빌뇌브Denis Villeneuve 감독의 〈컨택트Arrival〉가 아니므로 주의하자. 불행인지 다행인지 한글 표기가 다르다.

11 '안드로메다은하의 외계인'이라는 말은 '아프리카 사람'이라고 하는 것처럼 무식한 말이지만 어쩔 수 없다. 우리를 '아시아 사람'이라고 하면 기분이 나쁠 것이다. 아프리카는 북아메리카나 남아메리카보다도 넓고, 나라 수도 전 세계의 3분의 1 가까이를 차지한다. 안드로메다은하는 우리 은하보다 별이 열 배 정도 더 많다.

12 빈 부분은 0을 보낸다고 했지만, 사실 그 시간 동안 아무것도 안 보낸다. 따라서 0을 제대로 전달하기 위해서는, 두 신호인 1과 0의 시간 간격을 같게 해야 한다. 아니면, 모스 부호처럼 길이가 다른 신호 두 개를 이용할 수도 있다. 이렇게 일정한 시간 동안만 나오는 신호를 '펄스 신호'라고 한다.

13 실제로는 잉크가 빨리 마르도록 투표 도장이 만들어졌기에, 도장을 찍고 곧바로 종이를 접어도 번진 상이 맺히지 않는다.

14 공은 경계가 없다. 경계가 있는 경우에, 비눗방울이 맺히는 모양은 겉넓이가 가장 작아진다. 비눗방울도 가장 적게 들어가는 면이 생긴다. 이때도 힘이 골고루 분산되어 약점 없는 구조가 된다.

15 또는 행인 3이 되어.

16 《가디언》을 참고. (https://www.theguardian.com/notesandqueries/query/0,5753,-5830,

00.html.)

17 지구가 둥글다는 것, 아르헨티나가 한국의 반대편이라는 것, 모두 믿어지지 않는다. 아르헨티나에 가는 비행기 편을 알아보자. 그러면 미국을 거쳐 가도, 유럽을 거쳐 가도, 호주를 거쳐 가도 비행 시간과 요금이 비슷하다. 정말 둥근 지구의 반대편인 것이다!

18 이 내용의 일부는 최강신(2016)에서 사용한 바 있다.

19 『파인만씨 농담도 정말 잘하시네요!』를 보면, 물리학자 리처드 파인먼Richard Feynman이 친구와 누워서 소변을 볼 수 있는지 내기하는 장면이 나온다.

20 이 장의 내용은 바일(2015)의 책을 따른 것이다.

21 에보나이트라는 물질은 일상생활에서는 거의 마주할 수 없지만, 중학교 교과과정과 시험에서는 매번 나온다. 에보나이트는 고무에 황을 첨가해 만든 물질로, 볼링공을 만들 때도 쓰인다.

22 (-1)과 (-1)을 곱하면 (+1)이 되는 이유를 다시 한번 생각해 보고 설명해 보자. 쉽지 않을 것이다.

23 물론, 실제 실험에서 이를 관찰하기는 어렵다. 전류가 워낙 빠르게 흐르기 때문이다.

24 톰슨이 이끌던 캐번디시연구소의 구호. *Proceedings of the Royal Institution of Great Britain*, Volume 35 (1951), p.251.

25 보이지 않는 이유는 아마도 크기가 아주 작기 때문일 것이다.

26 이 그림은 우리의 이해를 돕기도 하지만 잘못된 인상을 심어주기도 한다. 아무도 전자를 본 적이 없고, 전자가 이런 식으로 이동하는 것을 본 적 없는데도, 우리는 과학을 배우면서 처음부터 이 그림이 옳다고 여기며 시작한다.

27 전류를 흐르게 만드는 것을 '전하 운반자'라고 부르자. 전하 운반자가 (+)를 띠고 있다면, 건전지의 (+)극에서 밀리고 (-)극에서 당긴다. 따라서 전지의 (+)극 쪽에서 도선을 타고 전지의 (-)극 쪽으로 흘러갈 것이다. 전하 운반자가 (-)를 띠고 있다면, 건전지의 (+)극에서 당기고 (+)극에서 밀린다. 둘 중 하나만 일어나도, 이 실험을 설명할 수 있다. 도선 안에 있는 (-)가 (+) 쪽으로 빨려 들어가는 동시에 남아 있는 (+)가 (-)극 쪽으로 빨려 들어갈

수도 있다.

28 북극은 위도가 북위 90도인 점으로 정한다. 이렇게 지리적인 북극과 거대한 '지구 자석'이 만드는 북극이 일치하지 않는다.

29 실제로 일어나는 일에 대해서는 다음을 참조하라. "How will a compass behave at the North Pole?" Quora. https://www.quora.com/How-will-a-compass-behave-at-the-North-Pole.

30 과학에서는 존재하는 것에만 이름이 붙는 것은 아니다. 있으면 안 되는 것에도 이름이 붙는다.

31 과학자라는 분류는 19세기 말부터 시작되었다. 특히, 외르스테드는 생각 실험(사고 실험) 과정을 규정하고 이 과정의 이름을 지은 사람이기도 하다. (영어로도 'thought experiment' 대신 외르스테드가 지은 'Gedankenexperiment'이라는 단어를 쓴다.)

32 영문판 위키백과에 따르면, 외르스테드가 강의 도중 우연히 이 발견을 했다는 이야기는 거짓이라고 한다. 그는 1818년부터 전기와 자기의 관계를 찾기 시작했다고 한다.

33 이를 보여주는 영상이 많다. 예를 들면, Cienciabit: Ciencia y Tecnología. (2013). "El Experimento de Oersted (Ørsted)." Youtube. http://www.youtube.com/watch?v=eawtABJG-y8. 스페인어 설명이기는 하지만, 전지와 전선, 나침반을 가지고 외르스테드의 실험을 직접 보여준다.

34 이 장의 제목은 마틴 가드너(1993)에서 따왔다. 마흐의 충격은 바일(2015)에도 소개되어 있다.

35 고대 로마에서는 검투 경기를 하고 진 검투사를 살리고 죽이라는 뜻으로, 엄지손가락을 올리고 내렸다고 알려져 있다. 우리가 알고 있는 광경은 장 레옹 제롬Jean Leon Gerome의 그림 〈뒤집은 엄지손가락Pollice verso〉 때문에 유명해진 것이다. 이 그림에는 진 검투사를 죽이라는 뜻으로 손가락을 내리는 것으로 묘사가 되었지만, 이것이 잘못되었다는 논란도 있다. 자세한 내용은 위키백과의 관련 항목을 참조하라. (https://en.wikipedia.org/wiki/Pollice_verso)

36 사실은 오른손이라기보다는 나선 방향. 나선 방향을 손 모양과 짝지어 줄 방법이 있어야 한다. 이에 대한 논의는 28장을 참조하라.

37 접선의 방향은 원 위의 어떤 점에서 시작하는지에 따라 다르다. 다른 점에서 접선을 그으면 접선 방향이 다르다.

38 예를 들어, 바퀴나 팽이가 얼마나 빨리 돌아가는지를 속도 비슷한 개념으로 벡터로 나타낼 수 있다. 이를 '각속도'라고 한다. 시간에 따라 각이 바뀌는 정도를 벡터의 길이로 정하고, 벡터의 방향은 회전에 대한 오른손 법칙으로 정한다.

39 그림을 쓰지 않고 이를 말로만 쓸 수 있을까? 말로 쓰면 복잡하지만, 수학의 벡터를 도입하면 쉽게 쓸 수 있다. 이들의 외적outer product, 즉 바깥곱을
$$\text{반지름선} \times \text{접선} = \text{수직선}$$
으로 쓰고, 수직선의 방향을 그림 43과 같이 약속한다. 즉, 벡터의 외적은 오른손 법칙을 만족한다. 수직선의 크기를, 반지름선 크기와 접선 크기를 곱한 것으로 정의하면 더욱 편리하다. 반지름선과 접선이 만드는 평행사변형의 넓이와 같아진다.

40 패러데이의 실험은 다음 영상으로 볼 수 있다. EBS Clipbank. (2020). "전자기유도." 유튜브. https://youtu.be/xukqelcST4M. 국립과천과학관에 가보면 패러데이의 역사적인 실험 장면이 소개되어 있다.

41 전기를 발생시키는 방법 자체는 많이 알고 있다. 예를 들어, 어떤 물질은 꾹 누르면 전기가 흐른다. 이를 '압전piezoelecticity'이라고 한다. 전기를 대량으로 얻으려면, 여러 가지 기술적인 문제를 해결해야 한다.

42 이에 대해서는 최강신(2018)을 참조하라.

43 이에 대해서는 최강신(2016)을 참조하라.

44 여기에서 같다는 것은 완전히 같다는 것이다. 우리 집 시계에 쓰는 건전지는 S사의 건전지를 쓰나 D사의 건전지를 쓰나 큰 문제 없는데, 이때는 건전지가 같은 것이 아니라 다른 건전지가 호환되기 때문이다. 고전적으로는 같은 생산 라인에서 같은 날 생산된 건전지는 거의 같다. 그러나 먼지가 묻거나 해서 서로 다르고, 따라서 구별할 수 있다. 그러나 양자역학에서는 바꿔치기하는 것이 완전한 대칭이라 누구도 알 수 없다. 원자가 같다는 것은 원자들이 다르다는 것을 구별할 방법이 없다는 것이다. 이들은 같은 입자identical particle 대칭을 갖는다.

45 슈뢰딩거 방정식이 나오고 나서는, 원자를 이루는 입자들이 '파동함수'라는 것으로 기술되는 공간의 '분포'를 갖는다고 생각된다.

46 이를 '동위원소'라고 한다. 동위원소는 화학적인 성질이 비슷하지만, 보통 방사성 붕괴의 특성이 다르다.

47 존 데즈먼드 버널John Desmond Bernal은 『과학의 사회적 기능The Social Function of Science』에서 "러더퍼드는 과학을 물리학과 우표 모으기로 나누었다"라고 썼지만, 러더퍼드Ernest Rutherford가 그런 말을 한 것 같지는 않다. 화학은 결국 양성자와 중성자, 전자의 개수가 다른 것들을 조합하는 것뿐이라는 오만한 말로 자주 인용된다. Quote Investigator를 참조.

48 별과 행성을 억지로 구별하기는 하지만, 말뜻을 보면 행성은 떠돌이별이라는 뜻이다. 번역만 그런 것은 아니고, 고대 그리스어에서부터 내려온 뜻도 그렇다. 고대 사람들이 하늘을 관찰하면서 매일 같은 자리에 뜨는 별과 달리 다른 곳에 뜨는 별을 발견하게 되었고, 이것에 '떠돌이별planet'이라는 이름을 붙였다.

49 별에는 생명체가 살 수 없기 때문에, 행성이 어디에 있는지 아는 것은 중요하다. 행성은 스스로 빛을 내지 못하기 때문에, 태양계 바깥의 행성은 최근까지 거의 알려지지 않았다. 망원경을 그 자리로 돌려 보더라도 검은 하늘만 보이기 때문이다. 그러나 다른 것을 잘 알면 행성을 발견할 수 있다. 별빛이 잠시 어두워지는 것을 정확하게 측정하면 되기 때문이다. 모든 측정이 정확한데 별빛이 어두워진다면, 행성이 별을 (부분적으로나마) 가려서 그런 것이다. 이렇게 새 행성을 찾은 아마추어 천문가들도 많다. 이후, 인류는 플랑크 위성을 보내 태양계 바깥의 행성을 적극적으로 찾게 되었다.

50 원자력발전소에서는 원자핵이 분열하며 안정적으로 되는 핵분열이 일어나고, 태양에서는 원자핵들이 융합해 안정적으로 되는 핵융합이 일어난다. 이모든 것이 약한 상호작용을 통해 일어난다.

51 이 네 개는 꼭 같이 붙어 다닌다는 것을 발견했다. 이에 착안해 페르미는 언제나 이들을 가지로 가지는 (손가락이 네 개인) 손바닥 모양으로 약한 상호작용을 그리려고 했지만, 나중에 포기했다. 다른 양성자와 전자가 다른 것으로 바뀌는 것도 발견했기 때문이다. 다른 문제도 있었는데, 이 계산 방법으

로는 수학적으로 무한대가 나온다는 것이었다.

52 따라서, 벡터를 크기와 방향이 있는 양이라고 정하는 것으로는 충분하지 않다.

53 전자와 성질이 비슷하면서도 무거운 타우 입자도 있다. 그러나 여기에서 타우 입자는 중간자의 이름이다. 지금은 두 입자가 같다는 것을 알게 되었고, '케이온Kaon'이라고 부른다.

54 가령, 에너지 보존 법칙이 위반된다고 생각하는 사람은 없다. 33장에 설명해 놓았다. 이를 '열역학 제1법칙'이라고 부르기도 한다. 마찬가지로, 열역학 제2법칙인 엔트로피 증가의 법칙(무질서도의 증가)도 마찬가지로 위반된다고 생각하는 사람은 없다. "당신의 이론이 열역학 제2법칙을 위반한다면 가망이 없다"라는 아서 에딩턴Arthur Eddington의 유명한 말은 *The Nature of the Physical World* (1928)에 담겨 있다.

55 이를 처음으로 발견한 것은 헤르만 바일이다. 그의 이름을 따서, 중성미자와 같이 질량이 없는 이른바 '페르미 입자'를 기술하는 방정식을 '바일 방정식'이라고 한다.

56 원자의 스핀은 원자의 총 각운동량으로 정의한다.

57 아르키메데스는 제2차 포에니 전쟁 중에 사망했다. 그를 생포하라는 명령을 받은 로마군이 들이닥쳤을 때, 땅바닥에 도형을 그리며 계산을 하고 있었다고 한다. 그를 몰라본 병사가 계산하던 도형을 짓밟자, 화가 난 아르키메데스는 '자기 원을 건드리지 말라Noli turbare circulos meos!'고 항의하다가 군인들에게 죽임을 당한다. 그러나 이 대사는 『플루타르코스 영웅전Parallel Lives』에 나오지 않아, 확인되지는 않는다.

58 이 장의 내용은 어려우므로, 처음 읽는 이들은 다음 장으로 넘어가도 좋다.

59 보통 물체에는 원자가 1해 개 정도가 들어 있다.

1해는 10^{20} = 100,000,000,000,000,000,000이다.

왼손잡이 우주

대칭부터 끈이론까지,
현대 물리학으로 왼쪽/오른쪽 구별하기

ⓒ 최강신, 2022, Printed in Seoul, Korea

초판 1쇄 펴낸날	2022년 5월 10일
초판 3쇄 펴낸날	2023년 12월 21일
지은이	최강신
펴낸이	한성봉
편집	최창문·이종석·오시경·권지연·이동현·김선형·전유경
콘텐츠제작	안상준
디자인	권선우·최세정
마케팅	박신용·오주형·박민지·이예지
경영지원	국지연·송인경
펴낸곳	도서출판 동아시아
등록	1998년 3월 5일 제1998-000243호
주소	서울시 중구 퇴계로30길 15-8 [필동1가 26] 무석빌딩 2층
페이스북	www.facebook.com/dongasiabooks
전자우편	dongasiabook@naver.com
블로그	blog.naver.com/dongasiabook
인스타그램	www.instargram.com/dongasiabook
전화	02) 757-9724, 5
팩스	02) 757-9726

ISBN	978-89-6262-430-4 03400

※ 잘못된 책은 구입하신 서점에서 바꿔드립니다.

만든 사람들

기획편집	이종석
디자인	정명희
크로스교열	안상준
본문 조판	박진영